李　宁——编著

北京协和医院营养科副教授
全国妇联项目专家组成员

怀孕

精选家常菜

中国轻工业出版社

图书在版编目（CIP）数据

怀孕精选家常菜 / 李宁编著．—北京：中国轻工业
出版社，2023.6
ISBN 978-7-5184-3520-3

Ⅰ.①怀… Ⅱ.①李… Ⅲ.①孕妇－妇幼保健－食谱
Ⅳ.①TS972.164

中国版本图书馆 CIP 数据核字（2021）第 100303 号

责任编辑：付　佳　　　　责任终审：李建华　　整体设计：悦然文化
策划编辑：翟　燕　付　佳　责任校对：朱燕春　　责任监印：张京华

出版发行：中国轻工业出版社（北京东长安街 6 号，邮编：100740）
印　　刷：北京博海升彩色印刷有限公司
经　　销：各地新华书店
版　　次：2023 年 6 月第 1 版第 6 次印刷
开　　本：710×1000　1/16　印张：12
字　　数：200 千字
书　　号：ISBN 978-7-5184-3520-3　定价：49.80 元
邮购电话：010-65241695
发行电话：010-85119835　传真：85113293
网　　址：http://www.chlip.com.cn
Email：club@chlip.com.cn
如发现图书残缺请与我社邮购联系调换
230742S3C106ZBW

前言

随着生活水平的提高，现在的孕妈妈，无论是头胎还是二胎，都非常重视孕期营养和饮食，但并不是每个人都能做到合理安排，科学搭配。在营养门诊接诊过程中，很多孕妈妈对如何在日常饮食中补充营养、如何科学搭配一日三餐还是有些迷茫。

有些人会把孕期多补充营养错误地理解为"多吃"。但是孕期饮食并不是单纯多吃这么简单，而是要提供充足的蛋白质、脂肪、碳水化合物、矿物质以及维生素等，同时还要避免营养过剩，否则会导致巨大儿，也给孕妈妈自身带来妊娠期糖尿病、难产、产后肥胖等问题。另外，还有些人在遵循"少盐""少油""少糖"原则时会矫枉过正。这样一来，对于营养需要量应该适当增加的孕妈妈来说有摄取不足的风险。同时"缺油少盐"的一日三餐实在索然无味，也会降低孕期生活品质。

这本《怀孕精选家常菜》，先对各种营养素做了简单介绍，然后为不同阶段的孕妈妈提供了丰富的家常菜食谱，同时还为患有高血压、糖尿病、甲状腺疾病的孕妈妈，以及有孕吐、便秘等孕期不适的孕妈妈提供适宜的家常菜。另外，还有快手小家电食谱，可以让你在家轻松制作美食。希望广大孕妈妈能在孕期补好营养的同时享受美食，事半功倍。

愿本书能够陪伴孕妈妈顺利度过孕期，生下健康的宝宝。

李宁

怀孕饮食三个关键点

1 抓重点
孕期核心营养

怀胎十月，孕妈妈最担心的是缺乏营养，影响胎儿的健康成长。

其实，只要你记住"菜""肉""海""奶豆""鱼油果"这 8 个字，就能轻松满足孕期核心营养。

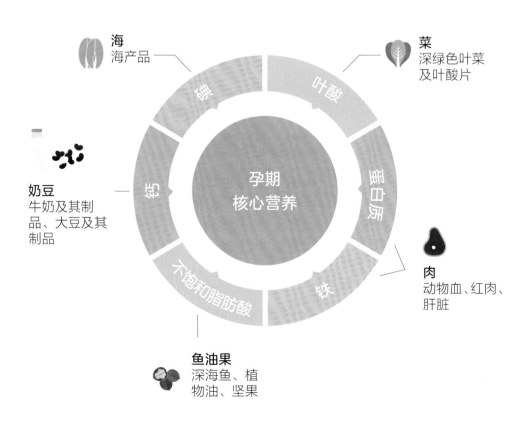

海
海产品

菜
深绿色叶菜
及叶酸片

奶豆
牛奶及其制品、大豆及其制品

鱼油果
深海鱼、植物油、坚果

肉
动物血、红肉、肝脏

碘　叶酸　蛋白质　铁　不饱和脂肪酸　钙

孕期
核心营养

4

2 补到位
吃多吃少有杆秤

		孕早期	孕中期	孕晚期
碘盐 油		＜6克 25～30克	＜6克 25～30克	＜6克 25～30克
奶类 大豆/坚果		300克 15/10克	300～500克 20/10克	300～500克 20/10克
鱼禽肉蛋类 瘦畜禽肉		130～180克 40～65克 每周1次 动物血或畜禽肝脏	150～200克 50～75克 每周1～2次 动物血或畜禽肝脏	200～250克 75～100克 每周1～2次 动物血或畜禽肝脏
鱼虾类 蛋类		40～65克 50克	50～75克 50克	75～100克 50克
蔬菜类		300～500克 每周1次 含碘海产品	300～500克 每周至少1次 含碘海产品	300～500克 每周至少1次 含碘海产品
水果类		200～350克	200～400克	200～400克
谷薯类 全谷物和杂豆 薯类		250～300克 50～75克 50～75克	275～325克 75～100克 75～100克	300～350克 75～150克 75～100克
水		1500～1700毫升	1700～1900毫升	1700～1900毫升

注：数据参考中国营养学会妇幼营养分会网站公布的《中国备孕妇女平衡膳食宝塔》《中国孕期妇女平衡膳食宝塔》，
孕早期的食物量同备孕期。

手掌法则，轻松掌握一天吃饭的量

看着平衡膳食宝塔给出的那些数据，孕妈妈会不会觉得有些头疼。莫急，给你支个招——利用自己的手，就可以大致确定每日所需食物的量了。

一拳相当于 70~100 克的量。

50 克的蛋白质相当于掌心大小、约为小指厚的一块。

单手能够捧住的水果量相当于 80～100 克的量。

两只手能够捧住的绿叶菜量相当于 100 克的量。

一块与食指厚度相同、与两指（食指和中指并拢）的长度和宽度相同的瘦肉，相当于 50 克的量。

3 控体重
长胎不长肉

科学管理体重，可以有效避免因孕期体重增长不合理给孕妈妈和胎儿造成的不良影响。

孕期体重控制需要把握三个原则：饮食均衡、控制热量、适量运动。

孕期到底该增重多少

孕前体重决定了你该增重多少

怀孕前 BMI 指数	判定情况	孕期体重应该增加多少	体重管理要求
< 18.5	低体重	12.5~18 千克	适当增加营养
18.5~23.9	正常体重	11.5~16 千克	正常饮食，适度运动
24.0~27.9	超重	7~11.5 千克	注意控制体重，防止体重增加过多
≥ 28.0	肥胖	5~9 千克	严格控制体重

注：数据参考 2018 年中国卫生健康委员会发布的《中国妊娠妇女体重增长推荐值》。

居家称重，做好体重监控

为了更好地控制体重，孕妈妈要居家做好体重监控。

孕早期
每月测量一次

测量频率

孕中、晚期
每周测量一次

准确称重三要点

同一台体重秤

同一时间段（比如晨起排便后、空腹）

同一着装

目 录

第一章 孕期必看营养课
让你不再发愁怎么吃

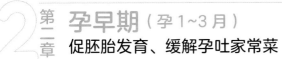

第二章 孕早期（孕1~3月）
促胚胎发育、缓解孕吐家常菜

3 第三章 孕中期（孕 4~7 月）
促骨骼发育、预防贫血家常菜

4 第四章 孕晚期（孕 8~10 月）
控体重、助分娩家常菜

5 第五章 孕期常见不适
调理家常菜

6 第六章 玩转快手小家电
轻享美味时光

第一章 ✂

孕期必看营养课

让你不再发愁怎么吃

补对营养素，孕妈胎宝都健康

蛋白质

每日推荐摄入量

孕早期 55 克 / 日
孕中期 70 克 / 日
孕晚期 85 克 / 日

注：孕期饮食应均衡合理，怀孕的每个阶段都需要补充全面的营养素，伴随孕妈妈身体的变化和胎儿发育的需求，在某些阶段对有的营养素需求更强。

功效

胎儿的生长发育离不开蛋白质，蛋白质是构成胎儿心脏、肌肉、大脑的基本物质。另外，胎盘和乳房等组织的增长都需要蛋白质，孕妈妈需要从食物中摄取充足的优质蛋白质。

食物来源

大豆及其制品（黄豆、黑豆、豆腐、豆腐皮等）
动物肉类（瘦畜肉、去皮禽肉、各类鱼虾等）
蛋类（鸡蛋、鸭蛋、鹌鹑蛋等）
奶类及其制品（牛奶、奶酪、酸奶等）

日常食物蛋白质排行（每 100 克可食部，单位：克）					
鸡胸肉	24.6	猪瘦肉	20.7	黄鱼	17.7
牛里脊	22.2	羊后腿	20.6	鸽肉	16.5
驴肉	21.5	鳕鱼	20.4	鸭胸肉	15
鲅鱼	21.2	基围虾	18.2	鸡蛋	13.1

脂肪

每日推荐摄入量

占总热量的
20%~30%

功效

脂肪中的必需脂肪酸是构成胎儿神经细胞和神经髓鞘的重要物质，对于大脑发育和神经系统的完善至关重要，还能促进视网膜的发育。

食物来源

禽畜肉类（去皮禽肉、瘦畜肉）
水产类（带鱼、鲫鱼、草鱼、三文鱼等鱼类）
油脂类（橄榄油、亚麻籽油等植物油）
坚果种子类（花生、黑芝麻、杏仁等）

（功效）

碳水化合物是孕妈妈最主要、最直接的热量来源，对维持胎儿的正常发育具有重要作用。适量的碳水化合物可预防孕妈妈出现酮症。

（食物来源）

谷薯类（面粉、大米、糙米、燕麦、荞麦、玉米、小米、土豆、山药等）
杂豆类（红豆、芸豆、绿豆、豌豆、蚕豆等）
水果类（苹果、梨、桃、葡萄、香蕉、芒果等）

碳水化合物

每日推荐摄入量

不低于 130 克

（功效）

维生素 B_1 有助于促进胎儿生长发育。孕妈妈补充足够的维生素 B_1，能减轻分娩痛，缓解疲劳。

（食物来源）

谷薯类（全麦面粉、燕麦、糙米、黑米、红薯等）
动物性食物（猪瘦肉、动物内脏等）
杂豆类（红豆、芸豆、绿豆、蚕豆、豌豆等）
坚果种子类（腰果、杏仁、核桃、榛子等）
蛋类（鸡蛋、鹌鹑蛋等）

维生素B_1

每日推荐摄入量

孕早期 1.2 毫克
孕中期 1.4 毫克
孕晚期 1.5 毫克

维生素B₂

每日推荐摄入量

孕早期 1.2 毫克
孕中期 1.4 毫克
孕晚期 1.5 毫克

功效

维生素 B₂ 参与体内营养物质的氧化代谢，可提高孕妈妈对蛋白质的利用率，促进胎儿的生长发育。另外，维生素 B₂ 可以缓解孕中期口角炎、舌炎、唇炎以及降低早产儿发生率。

食物来源

动物肝脏（猪肝、鸡肝等）
牛奶及奶制品
蛋类

叶酸

每日推荐摄入量

600 微克

特别提醒

食物中的天然叶酸具有不稳定性，遇光、遇热容易损失，在储存、烹调加工过程中都会有不同程度的损耗。所以仅靠食补往往达不到孕期的叶酸需求，应在食物补充的同时遵医嘱补服叶酸片。

功效

叶酸是水溶性维生素，对于细胞分裂和组织生长具有重要作用，是胎儿大脑发育的关键营养素，可预防胎儿神经管畸形。

食物来源

水果类（橘子、橙子、柠檬等柑橘类）
大豆及其制品（黄豆、青豆、黑豆、豆腐等）
坚果类（花生、葵花子等）
蔬菜类（菠菜、西蓝花、莴笋、油菜、四季豆等深色蔬菜）
动物肝脏类（猪肝、鸡肝等）

（功效）
维生素 C 对胎儿的骨骼和牙齿的正常发育、造血系统健全等都有促进作用；孕妈妈长期缺乏维生素 C，易出现疲劳、牙龈出血等不适。

（食物来源）
维生素 C 的主要来源是新鲜蔬果。
水果类（酸枣、柑橘、草莓、猕猴桃等）
蔬菜类（柿子椒、菠菜、韭菜、豆芽、西蓝花、白菜等）

维生素 C

每日推荐摄入量

孕早期 100 毫克
孕中、晚期 115 毫克

（功效）
钙是牙齿和骨骼的主要成分，胎儿时期钙的摄入量与牙齿发育好坏有关。孕妈妈如果缺钙，会导致骨质软化、易疲劳、牙齿松动等。

（食物来源）
牛奶及奶制品
大豆及其制品
藻类（海带、紫菜等）
坚果种子类（核桃、开心果、腰果等）

钙

每日推荐摄入量

孕早期 800 毫克
孕中、晚期 1000 毫克

（功效）
铁能够参与血红蛋白的合成，促进造血，还参与氧的运输和热量代谢。如果铁摄入不足，会使孕妈妈发生缺铁性贫血，影响胎儿的智力，还容易发生早产和胎儿低出生体重等。

（食物来源）
动物性食物（动物肝脏、动物血、各种禽畜肉等）
植物性食物（木耳、葵花子、榛子、芝麻、绿叶菜等）

铁

每日推荐摄入量

孕早期 20 毫克
孕中期 24 毫克
孕晚期 29 毫克

锌

每日推荐摄入量

9.5 毫克

功效
锌可以促进蛋白质的合成以及胎儿神经系统发育和生殖健康，同时对促进食欲大有帮助，还有助于调节免疫。

食物来源
贝类（牡蛎、扇贝、蛏子等）
鱼类（鲳鱼、带鱼、秋刀鱼、鳕鱼等）
动物内脏及动物肉类（猪肝、鸡肝、牛肉等）
蛋奶类（鸡蛋、牛奶、奶酪等）

铜

每日推荐摄入量

整个孕期
0.9 毫克

功效
铜会影响胎膜的韧性和弹性，如果孕妇体内缺铜，胎膜的韧性和弹性就会下降，容易导致流产或早产。

食物来源
海产品（牡蛎、扇贝、鱼虾等）
坚果类（核桃、葡萄干、花生、葵花子等）
蔬菜类（豌豆、白菜、萝卜、番茄等）

功效

碘是人体甲状腺激素的组成成分，是维持人体正常发育不可缺少的营养素。胎儿期如果缺碘，会导致大脑发育不全，还可能引起克汀病（即呆小症）。孕妈妈如果缺碘，可能引起甲减，甚至流产。

食物来源

海产品类（贻贝、墨鱼、海带、紫菜、虾皮、海蜇等）

碘盐

碘

每日推荐摄入量

230 微克

功效

膳食纤维不仅能够保护肠道健康、缓解便秘，还能够预防心脑血管疾病、控制体重。

食物来源

谷薯类（糙米、燕麦、小米、紫米、玉米、荞麦等）

豆类（黑豆、芸豆、红豆、绿豆等）

蔬菜类（油菜、菠菜、生菜、豌豆苗、芹菜等）

水果类（苹果、梨、山楂、无花果、猕猴桃等）

坚果种子类（核桃、松子、花生、葵花子等）

膳食纤维

每日推荐摄入量

25~30 克

做好体重管理，长胎不长肉，打造瘦孕体质

体重增长反映胎儿发育情况

怀孕之后，体重增长是必然的，由于胎儿依靠胎盘获取营养，如果孕妈妈没有获得足够的体重，那胎儿就有可能出现营养不良、生长迟缓等，因此可以说，孕妈妈的体重增长在一定程度上反映了胎儿的生长发育情况。

孕期增重过多、过少都不好

孕妈妈
易患妊娠期糖尿病、增加分娩难度、增加母乳喂养难度、容易长妊娠纹、产后身材不易恢复等

胎儿
出现巨大儿、胎儿认知发育障碍、新生儿窒息等

孕妈妈
容易贫血、出现早产、影响母乳质量等

胎儿
出现发育迟缓、低体重儿风险、出生后抵抗力差等

孕早、中、晚期要分阶段增重

不要增重太快

增重 2000 克以内

本阶段胎儿各器官发育尚未成熟，所需的营养并不多。此时孕妈妈体重增长，应控制在 2000 克以内。

孕早期

饮食策略

热量和孕前保持一致

饮食均衡、种类尽可能丰富，不要强迫进食，可根据自身的食欲和妊娠反应轻重程度进行调整。

控制体重的关键期

每周增重 350~400 克

本阶段胎儿迅速发育，孕妈妈每周体重增加 350~400 克为宜。

孕中期

饮食策略

每天增加 300 千卡热量

300 千卡食物 ≈ 1 碗杂粮饭（200 克）+ 鸡蛋（1 个）+ 3 颗板栗

300 千卡食物 ≈ 200 克奶类 +50 克动物性食物（鱼、禽、蛋、瘦肉）

避免胎儿过大，利于顺产

每周不超过 400 克

本阶段胎儿长得最快，对各营养素需求也较大。孕妈妈体重上升非常快，即使吃得不多也会长得很快，体重增长要控制在每周不超过 400 克。

孕晚期

饮食策略

每天增加 450 千卡热量

450 千卡食物 ≈ 200 克奶类 +125 克动物性食物（鱼、禽、蛋、瘦肉）

450 千卡食物 ≈ 50 克大米 +20 克牛奶 +100 克草鱼 +150 克绿叶菜

孕期体重超标，该怎么办

孕期体重控制核心原则——控制总热量摄入

产生热量的营养素有脂肪、碳水化合物、蛋白质。控制体重的孕妈妈应重点控制脂肪和碳水化合物的摄入。控制烹调用油，选择脂肪含量低的肉类；适当减少主食的摄入；肉、蛋、奶可以正常选用，选择瘦肉和低脂或脱脂奶；多吃蔬菜，特别是绿叶蔬菜。

脂肪

碳水化合物

- ※ 每天建议量：不超过总热量的 25%
- ※ 每天烹调用油不超过 25 克，选择植物油
- ※ 尽量不吃高脂肪肉类
- ※ 坚果摄入不超过 20 克

- ※ 主食量（生重）：200～250 克
- ※ 多选粗杂粮，如全麦及其制品、燕麦、糙米、豆类、薯类，少吃精白米面
- ※ 尽量不喝甜饮料、吃甜食

适量运动，利于保持体重健康增长

孕早期——运动方式选择慢而舒缓的运动，比如散步或瑜伽。

孕中期——适度增加运动量，不要给膝盖过多压力，避免做仰卧起坐和长时间站立。

孕晚期——以较缓的散步为主，不要增加腰背和腹部压力。

第二章 ✕

孕早期（孕1~3月）

促胚胎发育、缓解孕吐家常菜

孕妈妈和胎儿的生理变化

	胎儿	孕妈妈
孕1月	一个强壮的精子来到孕妈妈体内，遇到了卵子，合成为受精卵。从这以后还需要5~7天，不断分裂的受精卵才逐步在子宫内着床	孕妈妈的卵巢继续分泌雌激素，能促进乳腺发育。有的孕妈妈会有乳房硬硬的感觉，乳晕颜色会变深。乳房变得很敏感，触碰时有可能引起疼痛
孕2月	※ 眼睛：开始形成，但眼睑还没有形成 ※ 脊柱：慢慢形成 ※ 四肢：刚开始出现的胎芽即为四肢，但表面上呈不规则的凸起物 ※ 心脏：开始出现有规律的每分钟达120次的跳动	※ 乳房增大，会有胀痛感，乳晕颜色加深，并有凸起物 ※ 子宫如苹果大小，子宫壁薄而软，胚胎已初具人形
孕3月	※ 大脑：脑细胞数量增加快，头部占身体一半左右 ※ 五官：已经形成了眼睑、唇、鼻和下腭 ※ 肾脏和输尿管：发育完成，开始有排泄现象 ※ 四肢：腿在不断生长着，脚可以在身体前部交叉	※ 乳房更胀大了，乳房和乳晕的颜色加深 ※ 腹部没有明显的变化。此时，按压子宫会感觉到胎儿的存在 ※ 孕11周前后，有的孕妈妈在腹部会出现妊娠纹，腹部正中会出现一条深色的竖线

1 孕早期，胚胎发育缓慢，孕妈妈的基础代谢增加不明显，体重、乳房、子宫的增长都不多。因此这时候的饮食要均衡、种类要丰富，但是不要强迫进食，根据自身的食欲和妊娠反应轻重程度进行调整。

2 孕早期是胎儿神经管分化的关键期，一定要补充足量的叶酸。

饮食要点

4 孕早期胚胎发育所需的氨基酸需要母体供给，所以孕妈妈一旦蛋白质摄入不足，就会导致胎儿生长迟缓，影响其中枢神经系统的发育。这种不良影响很难弥补，因此孕早期要注重优质蛋白质的补充。

3 这个时期是胎儿最不稳定、最容易流产的阶段，要减少摄入容易导致流产的食物以及含大量添加剂的食物。

辟谣

吃×××× 容易导致流产

关于一些食物导致流产的说法目前很盛行，一部分来自于中医的"活血化瘀"理论，但更多的是民间说法，甚至有一点儿以讹传讹。目前关于此类说法，无论是前者还是后者，均没有严谨的科学证据来证实。所以孕妈妈大可不必因此焦虑。但出于尊重饮食风俗和习惯的考虑，孕妈妈可以根据个人意愿，自行避免相关食物的摄入。

重要营养素

叶酸
预防胎儿神经
管畸形

孕早期

600 微克 / 日

注：此部分是营养素摄入的示范搭配，并不是全天的饮食建议。安排一日三餐时，应注意食材多样，营养均衡。

食补（200 微克）+400 微克叶酸片

200 微克叶酸 ≈ 120 克菠菜 ≈ 50 克红苋菜

铁
预防贫血

孕早期

20 毫克 / 日

20 毫克铁 ≈ 350 克带壳蛤蜊 +40 克猪肝

锌
促进胎儿神经
系统和生殖系
统的健康

孕早期

9.5 毫克 / 日

9.5 毫克锌 ≈ 150 克牛肉 +300 克牛奶 +1 个鸡蛋

维生素 B_6
预防孕吐

孕早期

2.2 毫克 / 日

孕妈妈可适当常食含维生素 B_6 较多的食物，如鸡肉、鱼肉、肝脏、豆类、坚果类、蛋黄、香蕉、圆白菜等

维生素 C

提高抗病力，淡化妊娠纹

孕早期

100 毫克 / 日

100 毫克维生素 C ≈ 100 克柿子椒 +100 克菠菜 ≈ 80 克草莓 +100 克猕猴桃

钙

构建胎儿骨骼和牙齿

孕早期

800 毫克 / 日

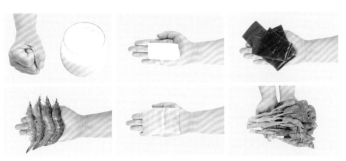

800 毫克钙 ≈ 300 克牛奶 +80 克虾 +100 克豆腐 +100 克鱼肉 +50 克海带（水发）+165 克芥蓝

蛋白质

促进胎儿生长发育

孕早期

55 克 / 日

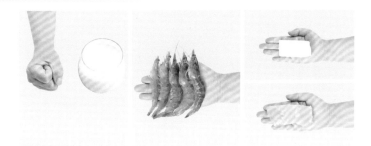

55 克蛋白质 ≈ 300 克牛奶 +100 克虾 +100 克豆腐 +80 克鸡肉

碘

促进胎儿身体发育

整个孕期

230 微克 / 日

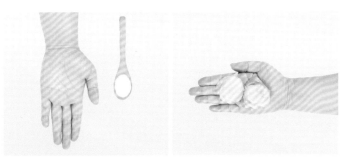

230 微克碘 ≈ 5 克碘盐 +60 克扇贝

凉菜

香椿苗拌核桃仁

材料 ⊗ 香椿苗250克，核桃仁100克。

调料 ⊗ 盐2克，白糖、醋各5克，香油适量。

做法 ⊗

1 香椿苗去根，洗净；核桃仁用淡盐水浸一下，去皮。

2 香椿苗和核桃仁中加盐、白糖、醋、香油拌匀即可。

⊗ **李宁大夫的营养叮咛**——

香椿苗中含有叶酸，可以预防胎儿神经管畸形。核桃仁含有不饱和脂肪酸，可以促进脑神经发育。

注：本书中所有食谱都是2~3人份。

重要营养素

（叶酸）（不饱和脂肪酸）

促进胎儿大脑发育

菠菜拌绿豆芽

材料 ✕ 菠菜 200 克，绿豆芽 100 克。

调料 ✕ 白糖、醋、香油各 5 克，盐 2 克。

做法

1 菠菜择洗干净，放入沸水中焯透，捞出切段；绿豆芽掐头、根，烫熟。

2 将菠菜、绿豆芽盛入碗中，加入盐、醋、香油、白糖，拌匀即可。

重要营养素

（叶酸）（膳食纤维）

预防胎儿畸形

※ 李宁大夫的营养叮咛

菠菜富含膳食纤维、叶酸，绿豆芽富含维生素 C、膳食纤维、B 族维生素等，搭配同食，能预防胎儿神经管畸形、预防便秘。

五彩菠菜

材料 ✕ 菠菜 150 克，鸡蛋 1 个，香肠、冬笋、水发木耳各 50 克。

调料 ✕ 姜末 5 克，盐 2 克。

做法

1 菠菜、木耳、冬笋洗净，焯熟，捞出，菠菜切段，冬笋切丁；鸡蛋洗净，煮熟，去壳，切丁；香肠切丁。

2 将菠菜段、鸡蛋丁、木耳、冬笋丁、香肠丁加盐、姜末拌匀即可。

重要营养素

（叶酸）（维生素 K）

预防胎儿畸形

※ 李宁大夫的营养叮咛

菠菜富含叶酸、维生素 K，孕早期缺乏叶酸容易造成胎儿神经管畸形，缺乏维生素 K 会影响胎儿骨骼发育。需要注意的是，菠菜含草酸，食用之前要焯水，以防影响食物中钙的吸收。

花生拌菠菜

材料 : 菠菜 250 克，熟花生米 50 克。

调料 : 姜末、蒜末、盐、醋各 3 克，香油少许。

做法

1 菠菜洗净，焯熟，捞出，过凉，切段。

2 将菠菜段、花生米、姜末、蒜末、盐、醋拌匀，淋上香油即可。

❉ 李宁大夫的营养叮咛

花生米含 α - 亚麻酸，可以在孕妈妈体内转化为 DHA；菠菜富含维生素 C 和叶酸。二者搭配凉拌，能促进胎儿发育。

芝麻拌苋菜

材料 : 苋菜 450 克，熟白芝麻 10 克。

调料 : 盐 2 克。

做法

1 苋菜择洗干净，从中间切一刀。

2 起锅烧水，水开后加点油，放入苋菜焯 30 秒，马上捞出，过凉。

3 苋菜装盘，撒熟白芝麻、盐，拌匀即可。

❉ 李宁大夫的营养叮咛

这道菜富含叶酸、维生素 C 等，能帮助预防胎儿神经管畸形，可以提高抗病力。

荷兰豆拌鸡丝

材料 ✕ 鸡胸肉 150 克，荷兰豆 100 克。

调料 ✕ 蒜蓉 10 克，盐 2 克，橄榄油 3 克。

做法

1 将鸡胸肉洗净，煮熟冷却，撕成细丝；荷兰豆洗净，放入沸水中焯熟，切丝备用。

2 将鸡丝、荷兰豆丝放入盘中，再放入蒜蓉、盐、橄榄油拌匀即可。

重要营养素

(蛋白质) (烟酸)

缓解疲劳，补充体力

※ 李宁大夫的营养叮咛 ——

鸡胸肉富含优质蛋白质，脂肪含量低；荷兰豆富含维生素 C、B 族维生素。搭配做菜，营养互补，可以补充体力。

重要营养素
(钾) (不饱和脂肪酸)
消肿利尿

双仁拌茼蒿

材料 ✕ 茼蒿 300 克，松子仁、花生米
各 15 克。

调料 ✕ 盐、香油各 2 克。

做法 ✕

1 将茼蒿洗净，下入沸水中焯 1 分钟，
捞出，凉凉，沥干水分，切段；松
子仁和花生米挑去杂质。

2 炒锅置火上烧热，分别放入松子仁
和花生米焙熟，盛出，凉凉。

3 取盘，放入茼蒿段，加盐和香油拌
匀，撒上松子仁和花生米即可。

✕ 李宁大夫的营养叮咛

茼蒿富含钾元素，有消肿利尿的功效。松子
仁和花生米含有不饱和脂肪酸，有助于胎儿
大脑发育。

重要营养素
(膳食纤维)
调理便秘

蒸茄子

材料 ✕ 茄子 400 克，彩椒丁 20 克。

调料 ✕ 盐、葱花、蒜末、醋、香油各
适量。

做法 ✕

1 茄子洗净，从中间剖开，放入盘中，
放入蒸锅中蒸熟，放凉。

2 锅内倒油烧热，放蒜末、彩椒丁、葱
花爆香，加入盐、醋、香油调味制
成料汁。

3 将料汁浇在茄子上即可。

✕ 李宁大夫的营养叮咛

茄子富含膳食纤维，能润肠通便，调理便秘。

彩椒豌豆沙拉

材料 ✕ 彩椒 200 克，原味腰果 20 克，豌豆 100 克，酸奶适量。

做法 ✕

1 彩椒洗净，去蒂及子，切片；豌豆洗净。

2 锅中倒入水煮沸，放入彩椒片焯一下，捞出，过凉；豌豆放入沸水中焯至变色，捞出，过凉。

3 腰果放烤箱，用 190℃ 烘烤 5 分钟，取出放凉并切碎。

4 把酸奶与彩椒片、豌豆混合，放上腰果碎即可。

重要营养素
(叶酸) (锌)
调节免疫力

水果酸奶沙拉

材料 ✕ 苹果 60 克，哈密瓜 40 克，梨 50 克，草莓 20 克，柠檬 30 克，酸奶 150 克。

做法 ✕

1 将各种水果（草莓、柠檬除外）洗净，去皮，切成 1.5 厘米见方的丁；草莓洗净，去蒂，对半切开；柠檬洗净，切片。

2 将酸奶倒入水果中拌匀即可。

重要营养素
(膳食纤维) (钙)
预防便秘，稳定情绪

✕ 李宁大夫的营养叮咛

这款沙拉富含钙、膳食纤维、维生素 C、果糖等，对预防便秘有帮助。

海带拌海蜇皮

材料 ※ 水发海带 200 克，海蜇皮 50 克。

调料 ※ 蒜末 5 克，香菜末、醋各适量，香油、盐各 2 克。

做法 ※

1 水发海带洗净，切丝；海蜇皮放冷水中浸泡 3 小时，洗净，切丝，焯烫后捞出。

2 锅置火上，倒入适量水烧沸，加少许醋，放入海带丝焯水，捞出过凉，沥干水分，装盘；加入海蜇丝，加入醋、盐、香油拌匀，撒上香菜末、蒜末即可。

※ 李宁大夫的营养叮咛

海带和海蜇皮富含碘和钾，有助于胎儿甲状腺的发育，还可预防孕期水肿。

凉拌金针菇

材料 ※ 金针菇、黄瓜各 150 克。

调料 ※ 葱丝、蒜末各 5 克，醋 10 克，盐 2 克，香油适量。

做法 ※

1 金针菇去根，洗净，入沸水中焯透，捞出，沥干水分，凉凉，切段；黄瓜洗净，去蒂，切丝。

2 取小碗，放入葱丝、蒜末、醋、盐和香油拌匀，调成味汁。

3 取盘，放入金针菇和黄瓜丝，淋入味汁拌匀即可。

※ 李宁大夫的营养叮咛

金针菇富含多糖、维生素、矿物质等，搭配黄瓜做菜，可调节孕妈妈的免疫力，预防便秘。

凉拌牛肉

材料 ╳ 牛肉500克。

调料 ╳ 葱花、姜片、甜面酱、香油各适量。

做法 ╳

1 牛肉洗净；汤锅内加适量清水，放入牛肉、姜片，大火煮沸，转小火煮至牛肉熟烂，捞出，凉凉，顺着纹理切薄片，装盘。

2 香油、甜面酱拌匀，淋在牛肉片上，撒上葱花即可。

重要营养素

(铁) (锌) (蛋白质)

预防孕期贫血

╳ 李宁大夫的营养叮咛———

牛肉中富含蛋白质、铁和锌，帮助孕妈妈预防缺铁性贫血。

凉拌鸡丝

材料 ※ 鸡胸肉100克，绿豆芽、胡萝卜、金针菇、莴笋各25克，鸡蛋1个，熟黑芝麻5克。

调料 ※ 盐、香油各适量。

做法 ※

1 鸡胸肉洗净，放入沸水中煮熟，捞出，凉凉，撕成丝；绿豆芽和金针菇洗净，入沸水中焯软，捞出，沥干水分；胡萝卜、莴笋去皮，洗净，切丝，入沸水中焯2分钟，捞出，凉凉，沥干水分；鸡蛋磕入碗内，打散，用不粘锅煎成蛋皮，凉凉，切丝。

2 取盘，放入鸡丝、绿豆芽、金针菇、胡萝卜丝、莴笋丝、蛋皮丝，用盐和香油调味，撒熟黑芝麻即可。

盐水虾

材料 ※ 虾300克。

调料 ※ 葱段、姜片各5克，料酒10克，花椒、大料各3克，盐4克，醋、生抽各适量。

做法 ※

1 虾洗净控干；将醋、生抽调匀成味汁。

2 锅置火上，倒入清水，放入盐、葱段、姜片、料酒、花椒、大料烧沸，放入虾煮熟，捞出盛盘，蘸食味汁即可。

※ **李宁大夫的营养叮咛** ————

虾富含优质蛋白质、锌和不饱和脂肪酸，孕妈妈常食可以调节免疫力，促进胎儿大脑发育。

热菜

白灼芥蓝

材料 ✕ 芥蓝 300 克。

调料 ✕ 葱丝、酱油各 5 克，白糖、盐各 3 克，香油少许。

做法

1 芥蓝洗净，去老皮，放入沸水中焯至断生，捞出，装盘。

2 将酱油、白糖、盐、香油和少许水对成白灼汁，倒入锅内烧开后浇在芥蓝上，撒葱丝即可。

※ **李宁大夫的营养叮咛**

芥蓝能提供丰富的叶酸、膳食纤维、维生素 C 等，有利于预防胎儿神经管畸形、促进胎儿大脑发育。

重要营养素

（叶酸）（维生素 C）

促进胎儿大脑发育

手撕包菜

材料 ✕ 圆白菜（包菜）300 克。

调料 ✕ 蒜瓣 10 克，盐、花椒、酱油各适量。

做法 ✕

1 圆白菜洗净，一片一片撕成小片。

2 锅中放适量油烧热，放入花椒、蒜瓣炝香，捞出花椒。

3 下入圆白菜片反复翻炒，快熟时加盐、酱油调味，炒至断生即可。

重要营养素

（维生素 C）（钾）（叶酸）

促进胎儿发育

※ **李宁大夫的营养叮咛**

圆白菜富含膳食纤维、维生素 C、叶酸和钾，可以润肠通便、利尿消肿。另外，还有预防胎儿神经管畸形和贫血的功效。

重要营养素

(叶酸)

促进胎儿大脑发育

蒜蓉空心菜

材料 ╳ 空心菜 300 克，蒜 20 克。

调料 ╳ 盐 2 克。

做法 ╳

1 空心菜择洗干净，切成段；蒜去皮，洗净，剁成末。

2 锅内倒油烧热，放入蒜末和空心菜段煸炒至变色，加盐调味即可。

╳ 李宁大夫的营养叮咛 ──────

空心菜富含叶酸，利于胎儿大脑发育，还有助于孕妈妈稳定情绪。空心菜还富含膳食纤维，可预防孕期便秘。

重要营养素

(膳食纤维) (维生素 C)

润肠通便，消肿利尿

芹菜炒绿豆芽

材料 ╳ 绿豆芽 300 克，芹菜 200 克。

调料 ╳ 醋 10 克，蒜末、葱末、姜丝各 5 克，盐 3 克。

做法 ╳

1 绿豆芽洗净，沥干；芹菜择洗干净，切长段。

2 锅内倒油烧至七成热，放入葱末、姜丝和蒜末爆香，倒入芹菜段翻炒均匀，片刻后加入绿豆芽。

3 待绿豆芽炒至透明，加盐，出锅前倒入醋调味即可。

╳ 李宁大夫的营养叮咛 ──────

这道菜富含钾、维生素 C 和膳食纤维，能润肠通便、消肿利尿。

苦瓜煎蛋

材料 ╳ 鸡蛋 2 个，苦瓜 200 克。

调料 ╳ 葱末 5 克，盐 1 克，料酒 3 克。

做法 ╳

1 苦瓜洗净，去子，切丁；鸡蛋打散。

2 将苦瓜丁和鸡蛋液混匀，加葱末、盐和料酒调匀。

3 锅内倒油烧热，倒入蛋液，煎至两面金黄即可。

╳ 李宁大夫的营养叮咛

鸡蛋是孕妈妈必选营养食材，含钙、蛋白质、卵磷脂等营养，适量食用有助于胎儿发育。苦瓜有刺激唾液及胃液分泌的作用，可增进食欲、缓解孕吐。

重要营养素

(钙) (铁)

缓解孕吐，促进胎儿大脑发育

素炒茭白

材料 ╳ 茭白 500 克。

调料 ╳ 老抽、白糖、葱末各适量。

做法 ╳

1 茭白剥去外皮，洗净，切成菱形片。

2 锅内倒油烧热，下茭白片煸炒，加白糖调味，加入老抽调色。

3 翻炒均匀后加入清水，大火烧开，转中火焖至入味，撒上葱末即可。

╳ 李宁大夫的营养叮咛

这道菜富含膳食纤维，可促进胃肠蠕动、调节便秘。

重要营养素

(膳食纤维)

调节便秘

香菇炒豌豆

材料 × 鲜香菇 300 克，豌豆 50 克。

调料 × 葱花、盐、花椒粉、水淀粉各适量。

做法 ×

1 鲜香菇洗净，切丁；豌豆洗净。

2 炒锅倒入适量油，待油烧至七成热，放入葱花和花椒粉炒香。

3 倒入香菇丁和豌豆翻炒均匀，盖上锅盖焖 5 分钟，用盐调味，用水淀粉勾芡即可。

×× 李宁大夫的营养叮咛 ————————

豌豆富含蛋白质和叶酸，香菇富含 B 族维生素和香菇多糖，能有效提高孕妈妈的食欲，增强孕妈妈的抵抗力。

胡萝卜烩木耳

材料 × 胡萝卜 200 克，水发木耳 50 克。

调料 × 姜末、葱末、盐、白糖各 3 克，生抽 5 克，香油少许。

做法 ×

1 胡萝卜洗净，切片；木耳洗净，撕小朵。

2 锅置火上，倒油烧至六成热，放入姜末、葱末爆香，下胡萝卜片、木耳翻炒。

3 加入生抽、盐、白糖翻炒至熟，点香油调味即可。

×× 李宁大夫的营养叮咛 ————————

胡萝卜富含胡萝卜素，搭配富含膳食纤维的木耳炒食，有促便、助消化、保护眼睛的作用。

豆腐干炒莴笋

材料 ※ 豆腐干 250 克，莴笋 200 克。

调料 ※ 盐 2 克，酱油、蒜末各适量。

做法 ※

1 莴笋去皮，洗净，切菱形片；将豆腐干洗净，切丝。

2 锅置火上，倒油烧热，爆香蒜末，放入豆腐干丝、盐、酱油炒匀，倒入莴笋片炒熟即可。

※ 李宁大夫的营养叮咛

豆腐干富含蛋白质和钙质，莴笋叶酸含量高，搭配炒食，能促进胎儿骨骼和神经发育，还有助于预防孕期贫血。

重要营养素

(钙) (叶酸)

促进胎儿骨骼和神经发育

番茄烧豆腐

材料 ※ 豆腐 400 克，番茄 200 克。

调料 ※ 葱花 5 克，生抽 2 克，盐 1 克。

做法 ※

1 番茄洗净，去蒂，切块；豆腐洗净，切块。

2 炒锅置火上，倒油烧热，放入豆腐块略炒，倒入番茄块，调入生抽略炒，盖锅盖焖煮 5 分钟，加盐、葱花炒匀即可。

※ 李宁大夫的营养叮咛

番茄富含维生素 C 和番茄红素，豆腐富含蛋白质和钙，二者搭配有利于增强抵抗力、促进胎儿骨骼发育、抗氧化。

重要营养素

(钙) (番茄红素)

促进骨骼发育，抗氧化

重要营养素
铁 维生素 C
预防缺铁性贫血

青椒炒猪血

材料 ✕ 猪血 300 克，柿子椒（青椒）、
水发木耳各 80 克。

调料 ✕ 葱段、姜丝、盐、醋各适量。

做法 ✕

1 柿子椒洗净，去蒂及子，切片；水
发木耳洗净，撕小朵；猪血洗净，
切片。

2 锅内倒油烧热，加入姜丝和柿子椒
片煸炒片刻，加入木耳、猪血片炒
熟，再加入葱段、盐和醋调味即可。

重要营养素
铁 膳食纤维
预防贫血

菠菜炒猪肝

材料 ✕ 菠菜 200 克，猪肝 150 克。

调料 ✕ 葱花、盐、水淀粉各适量。

做法 ✕

1 猪肝去筋膜，洗净，切片，用水淀
粉腌渍 15 分钟；菠菜洗净，焯烫，
捞出，切段。

2 锅内倒油烧热，放入猪肝片翻炒，
放入菠菜段略炒，撒上葱花，加盐
调味即可。

酱爆肉丁

材料 ※ 猪瘦肉200克，胡萝卜100克，柿子椒30克。

调料 ※ 甜面酱6克，料酒10克，葱末、姜末、蒜末、淀粉各5克，盐2克。

做法 ※

1 猪瘦肉、胡萝卜分别洗净，切丁；柿子椒洗净，去蒂及子，切丁；将瘦肉丁用淀粉、料酒、葱末、姜末、蒜末、盐拌匀腌渍。

2 锅置火上，倒油烧热，放胡萝卜丁煸炒至软，盛出。

3 锅内倒油烧热，放瘦肉丁炒至变色，加甜面酱煸炒，放胡萝卜丁和柿子椒丁炒熟即可。

重要营养素

(蛋白质)(胡萝卜素)

呵护视力健康

苦瓜炒牛肉

材料 ※ 苦瓜200克，牛肉150克。

调料 ※ 料酒、酱油、豆豉、水淀粉各10克，蒜末、姜末各5克，盐、胡椒粉各2克。

做法 ※

1 牛肉洗净，切片，加料酒、酱油、胡椒粉、盐和水淀粉腌渍片刻；苦瓜洗净，去瓤，切片，用盐腌渍10分钟，挤出水分。

2 锅内倒油烧热，放牛肉片炒至变色，盛起。

3 锅留底油烧热，爆香蒜末、姜末、豆豉，倒苦瓜片煸炒，加牛肉片炒熟即可。

重要营养素

(维生素C)(铁)

预防贫血

黑椒牛排

材料 ※ 牛里脊 250 克。

调料 ※ 盐 2 克，黑胡椒粒 6 克，酱油 5 克，黄油 10 克，百里香适量。

做法 ※

1 将黑胡椒粒放入料理机中研磨成黑胡椒碎。

2 牛里脊去筋膜，洗净，用厨房用纸擦干表面水分，涂抹少许盐和黑胡椒碎，腌渍 10～15 分钟。

3 平底锅置火上，放入黄油烧化，放入腌渍好的牛排煎熟且外皮变成板栗色，盛入盘中。

4 锅留底油，淋入酱油，加盐和黑胡椒碎调味，将料汁淋入盘中煎好的牛排上，点缀百里香即可。

※ **李宁大夫的营养叮咛**————

牛肉富含优质蛋白质、铁、锌、维生素 B_{12} 等，能预防缺铁性贫血。

重要营养素

（蛋白质）（铁）（锌）

预防缺铁性贫血

清炖羊肉

材料 ✕ 羊肉300克，白萝卜200克。

调料 ✕ 葱段、姜片各20克，花椒2克，盐3克，香油少许。

做法 ✕

1 羊肉和白萝卜分别洗净，切块。

2 锅置火上，加水烧开，放入羊肉块焯水，撇去浮沫，捞出洗净。

3 砂锅加水置于火上，将羊肉块、白萝卜块、葱段、姜片、花椒放入砂锅中，锅开后改为小火慢炖至肉酥烂，加入盐、香油调味即可。

✕ 李宁大夫的营养叮咛

白萝卜含维生素C和膳食纤维，帮助孕妈妈提高抵抗力、缓解便秘；羊肉富含蛋白质、铁、锌，可以预防孕妈妈贫血，促进胎儿大脑发育。

重要营养素

（铁）（锌）

补血，助力胎儿大脑发育

板栗烧鸡

材料 ✕ 白条鸡150克，板栗肉50克。

调料 ✕ 葱花、姜片、料酒、酱油、白糖各5克，盐2克。

做法 ✕

1 白条鸡处理干净，切块，加料酒、盐腌10分钟；板栗肉洗净沥干。

2 锅内倒油烧至六成热，爆香姜片，将鸡块炒至金黄，加入酱油、料酒、盐、白糖，加适量清水烧开，加入板栗肉，焖至熟烂后撒葱花即可。

重要营养素

（蛋白质）（B族维生素）

增强体力，预防孕吐

✕ 李宁大夫的营养叮咛

鸡肉富含优质蛋白质、不饱和脂肪酸，板栗富含碳水化合物、B族维生素。二者搭配做菜，可以为孕妈妈提供所需热量和均衡多样的营养，有利于增强体力。

鲜虾芦笋

材料 × 鲜虾 200 克，芦笋 300 克。

调料 × 鸡汤、姜片、盐、淀粉、蚝油各适量。

做法 ×

1 鲜虾去壳，挑去虾线，洗净后沥干，用盐、淀粉拌匀；芦笋洗净，切长条，焯水沥干。

2 锅中倒油烧热，将鲜虾倒入锅内滑熟，捞起滤油；用锅中余油爆香姜片，加入鲜虾、鸡汤、盐、蚝油炒匀，出锅浇在芦笋上即可。

※ 李宁大夫的营养叮咛

芦笋富含叶酸、膳食纤维，虾富含矿物质和蛋白质。二者搭配食用，有益于胎儿健康发育，还能预防孕妈妈便秘。

蛤蜊蒸蛋

材料 × 蛤蜊 200 克，鸡蛋 2 个。

调料 × 姜片、盐 5 克，料酒 10 克。

做法 ×

1 蛤蜊用盐水浸泡，使其吐净泥沙，放入加姜片和料酒的沸水中烫至壳开，捞出，取肉。

2 鸡蛋打散，加盐、适量饮用水搅匀，加蛤蜊肉，蒸 10 分钟即可。

※ 李宁大夫的营养叮咛

蛤蜊富含蛋白质、多种维生素及矿物质，能促进宝宝生长发育。

香煎三文鱼

材料 ※ 三文鱼200克，熟黑芝麻5克。

调料 ※ 酱油10克，料酒适量，葱末5克。

做法 ※

1 三文鱼切薄片，用料酒、酱油腌渍30分钟。

2 平底锅刷少许油，将腌渍好的三文鱼放入锅中煎至两面金黄，撒上熟黑芝麻、葱末即可食用。

※ 李宁大夫的营养叮咛

三文鱼富含DHA，有利于胎儿神经系统发育。

重要营养素

(DHA)

促进胎儿大脑发育

照烧三文鱼

材料 ※ 三文鱼200克，鲜香菇30克，圣女果2个，苦菊40克。

调料 ※ 生抽15克，料酒10克，盐2克，水淀粉3克。

做法 ※

1 三文鱼洗净，加料酒、生抽腌10分钟；香菇洗净，切片；圣女果洗净，切开；苦菊洗净。

2 平底锅刷油，将三文鱼煎至两面金黄，盛出。

3 锅内倒油烧热，放入香菇片翻炒至软，加生抽、料酒、盐翻炒均匀，用水淀粉勾薄芡，即为照烧汁。

4 将照烧汁浇在三文鱼上，搭配圣女果、苦菊即可。

重要营养素

(维生素C) (DHA)

促进胎儿大脑发育、提高免疫力

汤羹

(蛋白质)(钾)(膳食纤维)
补充体力，预防水肿

鸡肉丸子汤

材料 ※ 鸡肉馅200克，土豆150克。

调料 ※ 姜末、水淀粉、料酒、盐、胡椒粉、鸡汤各适量。

做法 ※

1 土豆洗净，去皮，切丁。

2 鸡肉馅中加土豆丁及姜末、料酒、盐、水淀粉拌匀，挤成丸子。

3 锅内加适量鸡汤煮沸，下入鸡肉丸，煮5分钟左右，加盐、胡椒粉调味即可。

重要营养素
(蛋白质)(钙)(锌)(膳食纤维)
预防便秘

罗宋汤

材料 ※ 牛肉200克，番茄、胡萝卜、红薯、洋葱各100克，圆白菜50克。

调料 ※ 盐2克，番茄酱、葱末、黑胡椒粉各适量。

做法 ※

1 牛肉洗净，切块，冷水入锅，焯水；洋葱、圆白菜洗净，切片；番茄、胡萝卜、红薯洗净，去皮后切块。

2 油锅烧热，下洋葱片煸炒至软，放入牛肉块煸炒出香味，加适量水，大火烧开，转中火炖40分钟。

3 放入番茄块、胡萝卜块、红薯块、圆白菜片，炖10分钟，加入番茄酱、葱末、盐、黑胡椒粉调味即可。

蛤蜊汤

材料 ※ 新鲜蛤蜊 500 克。

调料 ※ 盐、香油各少许，罗勒叶、姜丝各 10 克。

做法 ※

1 蛤蜊和罗勒叶分别洗净。

2 汤锅置火上，倒入清水煮沸，将蛤蜊和姜丝放入锅中。

3 加盐调味，待蛤蜊开口后连汤一起盛出，放入罗勒叶，点香油调味即可。

重要营养素

(蛋白质) (钙) (锌)

缓解肌肉酸痛

※ **李宁大夫的营养叮咛** ——————

蛤蜊是一种高蛋白、低热量食物，且含有丰富的钙、磷、锌等，用来煲汤非常适宜孕妈妈食用。

黑芝麻糯米糊

材料 ※ 黑芝麻 30 克，糯米粉 100 克。

做法 ※

1 黑芝麻挑去杂质，炒熟，碾碎；糯米粉加适量清水调匀。

2 黑芝麻碎倒入锅中，加适量水大火煮升，改小火煮。

3 把糯米汁慢慢淋入锅中，搅成浓稠状，煮开即可。

重要营养素

(碳水化合物) (必需脂肪酸)

(维生素 E)

补充体力

※ **李宁大夫的营养叮咛** ——————

糯米粉富含碳水化合物；黑芝麻富含不饱和脂肪酸、维生素 E 等营养物质，同时也含有较多的膳食纤维、钙、锌等营养成分。二者搭配可以为孕妈妈补充热量和其他必需营养素。

主食

荞麦饭团

材料 ※ 荞麦 40 克，糯米 20 克，大米 80 克，
鸡腿肉、洋葱、鲜香菇各 30 克。

调料 ※ 生抽、香油各适量。

做法 ※

1 荞麦、糯米洗净，浸泡 4 小时；大米洗净，
浸泡 30 分钟；香菇洗净，入水焯熟，切丁；
洋葱、鸡腿肉洗净，切丁。

2 将大米、荞麦、糯米放入蒸锅内，再放香菇
丁、鸡丁、洋葱丁，加入适量水，加入生抽、
香油搅匀，蒸熟。

3 将蒸好的饭搅拌均匀，凉至温热，揉成大小
均匀的饭团即可。

※ **李宁大夫的营养叮咛** ————

这道菜富含膳食纤维和碳水化合
物，可以帮助促进肠道蠕动，补充
体力。

重要营养素
（膳食纤维）（碳水化合物）
防便秘，补充体力

彩椒薯香虾仁藜麦饭

材料 藜麦100克,虾仁80克,柿子椒、彩椒、紫薯、红薯、洋葱各30克,柠檬半个。

调料 姜片、葱段、料酒、醋、蜂蜜各5克,盐1克,亚麻籽油适量。

做法

1 藜麦洗净,沥干水分,放入电饭锅中,加适量水焖成米饭。

2 藜麦米饭焖好后,打开锅盖用筷子翻动藜麦,放在通风处降温备用。

3 彩椒、柿子椒、洋葱洗净,切块;红薯、紫薯洗净,去皮,切块,放入蒸锅中蒸熟。

4 虾仁去虾线,洗净,用料酒腌渍一下。锅中放入清水、姜片、葱段烧开,放入虾仁煮3分钟,捞出。

5 将亚麻籽油、醋、盐、蜂蜜、挤出的柠檬汁拌匀成味汁。

6 将所有食材放入盘中,淋上味汁,搅拌均匀即可。

重要营养素

(碳水化合物) (B 族维生素)

补充热量，辅治腹泻

苹果焖饭

材料 ※ 大米 150 克，苹果 80 克。

做法 ※

1 将大米淘洗干净；苹果洗净，切块备用。

2 电饭锅中放入适量清水，加入大米和苹果块，按下"蒸饭"键，跳键后即可。

※ 李宁大夫的营养叮咛

苹果中含有鞣酸和其他有机酸，具有一定的收敛作用，与大米搭配一起蒸饭，有轻度腹泻的孕妈妈可以试用。需要注意的是，淘洗大米时次数不要太多，以免营养流失。

重要营养素

(膳食纤维) (B 族维生素)

防孕吐，调便秘

二米饭

材料 ※ 大米 100 克，小米 60 克。

做法 ※

1 大米、小米混合淘洗干净，用水浸泡 20 分钟。

2 电饭锅中加入适量清水，放入大米和小米，按下"蒸饭"键，跳键后即可。

※ 李宁大夫的营养叮咛

做米饭时加一把小米，膳食纤维、B 族维生素含量更丰富，可帮孕妈妈预防便秘、防孕吐、补充体力。

胡萝卜土豆羊肉焖饭

材料 ✕ 羊腿肉50克，胡萝卜150克，土豆100克，大米250克，葡萄干10克，熟黑芝麻少许。

调料 ✕ 亚麻籽油、酱油各10克，盐适量。

做法 ✕

1 羊腿肉洗净后切丁；胡萝卜、土豆洗净，去皮，切块；大米淘洗干净后浸泡40分钟备用。

2 锅置火上，倒入亚麻籽油，加入羊肉丁轻轻滑炒，待羊腿丁断生后放入胡萝卜块、土豆块后略翻炒，淋入少量酱油增香，加盐调味。

3 电饭锅中倒入米饭、适量清水，再加入炒好的菜，撒上葡萄干和熟黑芝麻，按下"蒸饭"键，煮熟即可。

重要营养素

（蛋白质）（碳水化合物）

补充体能，缓解疲劳

黑芝麻大米粥

材料 ※ 大米 100 克，熟黑芝麻 10 克。

做法 ※

1 黑芝麻洗净，炒香，碾碎备用；大米洗净。
2 砂锅置火上，倒入适量清水后大火烧开，加大米煮沸，转小火煮至八成熟，放入熟黑芝麻碎拌匀，继续熬煮至米烂粥稠。

※ 李宁大夫的营养叮咛——————

这款粥能帮助孕妈妈补充热量。此外，还有滋养肝肾、乌发护发的作用。

重要营养素

碳水化合物 钙

补充热量和体力

香菜牛肉粥

材料 ╳ 香菜 20 克，牛肉 50 克，大米
100 克。

调料 ╳ 葱花、姜末、料酒、盐各适量。

做法 ╳

1 香菜择洗干净，切段；牛肉洗净，
切丁；大米淘洗干净。

2 锅内倒油烧热，爆香葱花、姜末，下
牛肉丁煸炒，倒入料酒、清水烧沸。

3 下大米煮沸，用小火熬煮至粥稠，
加入香菜段，用盐调味即可。

重要营养素

(锌) (蛋白质) (碳水化合物)

开胃，强体质

╳ 李宁大夫的营养叮咛

牛肉有健脾胃的功效，还是增强孕妈妈体质
的佳品，将牛肉与大米熬煮成粥，再加点香
菜提味，可以促进食欲。

红糖小米粥

材料 ╳ 小米 100 克，红糖 10 克。

做法 ╳

1 小米淘洗净，浸泡约 30 分钟。

2 锅中加适量水，放入小米，中火煮
约 20 分钟。

3 熬至黏稠时，加入红糖，转小火熬 2
分钟即可。

重要营养素

(维生素 B_1) (碳水化合物)

补充体力，缓解孕吐

╳ 李宁大夫的营养叮咛

小米富含维生素 B_1、碳水化合物，红糖有暖
胃的作用。这道粥能暖身，帮助孕妈妈快速
补充体力。

重要营养素

维生素 B₁ 碳水化合物

减少干呕，缓解疲劳

黑米面馒头

材料 × 面粉 150 克，黑米面 75 克，酵母适量。

做法 ×

1 酵母用温水化开并调匀；面粉和黑米面倒入盆中，慢慢地加酵母水和适量清水拌匀，揉成光滑的面团。

2 将面团平均分成若干小面剂，揉成团，制成馒头生坯，醒发 30 分钟，送入烧沸的蒸锅蒸 15~20 分钟即可。

× 李宁大夫的营养叮咛

有早孕反应的人适当吃点固体发面食品，如黑米面馒头、苏打饼干、面包片等，可缓解孕吐反应。另外，还能为孕妈妈提供热量，缓解疲劳。

重要营养素

碳水化合物 胡萝卜素
膳食纤维

促进胎儿视力发育，预防孕妈妈便秘

芹菜胡萝卜烧卖

材料 × 澄粉 70 克，玉米淀粉 15 克，香菜梗 20 克，芹菜、胡萝卜各 60 克，猪肉 40 克。

调料 × 盐 3 克，胡椒粉 1 克，香油适量。

做法 ×

1 芹菜洗净，切成小粒；猪肉、胡萝卜均洗净，切末；香菜梗洗净，焯烫。

2 将芹菜粒、猪肉末、胡萝卜末、调料拌匀成馅料；澄粉和玉米淀粉混匀，倒入沸水拌匀，稍凉后揉成面团，加油揉匀，盖上湿布醒发 15 分钟。

3 将醒好的面团揉匀，搓成长条，均匀分成若干小剂，擀成中间厚边缘薄的烧卖皮。

4 包入馅料，制成烧卖生坯，用香菜梗将烧卖口系紧，放入蒸锅，大火烧开后转中火蒸 5 分钟即可。

荞麦担担面

材料 ☰ 荞麦粉 50 克，面粉 120 克，
鸡胸肉、绿豆芽各 50 克。

调料 ☰ 生抽、花椒粉、香油、蒜末、盐、
葱花各适量。

做法 ☰

1 将荞麦粉和面粉混合，加入适量清
水揉成面团，用面条机压成面条。

2 鸡胸肉洗净，煮熟，切小丁；绿豆
芽洗净，入沸水焯烫，捞出。

3 碗中放入生抽、花椒粉、香油、蒜
末、葱花、盐，调成味汁。

4 将荞麦面条放入开水中煮熟，捞出
放碗中，加入鸡丁、绿豆芽，调入
味汁即可。

重要营养素

(B 族维生素) (蛋白质) (碳水化合物)

补充热量，缓解孕吐

葱香蛋饼三明治

材料 ☰ 吐司 2 片，鸡蛋 1 个，香葱
20 克。

调料 ☰ 盐 1 克。

做法 ☰

1 香葱洗净，切成葱花；鸡蛋打散，加
入盐。将上述材料混合在一起。

2 将锅烧热后，锅底薄薄刷一层油，
将混合鸡蛋液煎成蛋饼状，煎好后
依照吐司大小切成方形。

3 吐司切去四边，将蛋饼夹在中间即可。

重要营养素

(蛋白质) (碳水化合物)

促进食欲，补充热量

☰ **李宁大夫的营养叮咛** ─────

鸡蛋含有优质蛋白质、卵磷脂等，搭配吐司
做成三明治，可作为加餐或早餐，为孕妈妈
及时提供热量。

重要营养素

(碳水化合物) (膳食纤维)

促排便，预防酮症酸中毒

微波烤红薯

材料 ☒ 红薯 250 克。

做法 ☒

1 红薯洗净，沥干水分，切开。

2 用食品专用锡箔纸包好，放入烤盘中，送入微波炉，用中火烘烤 4 分钟，翻面再用中火烘烤 4 分钟，取出食用即可。

⋈ 李宁大夫的营养叮咛 ————————

红薯富含碳水化合物和膳食纤维，特别适合作为加餐补充营养，避免呕吐严重引起的酮症酸中毒，还能缓解孕妈妈便秘。需要注意的是，孕妈妈应避免一次食用过多，以免发生胃灼热、吐酸水、腹胀等不适。

重要营养素

(B 族维生素) (碳水化合物)

补充热量，促进排便

五谷丰登

材料 ☒ 红薯、山药、土豆、紫薯各100克。

调料 ☒ 盐 2 克。

做法 ☒

1 所有食材洗净，去皮，切成均匀的大块。

2 将上述食材依次摆入蒸笼中，表面撒上盐，水开后大火蒸 40 分钟即可。

⋈ 李宁大夫的营养叮咛 ————————

红薯、山药、土豆、紫薯均可作为主食，能为孕妈妈提供热量。其中，紫薯富含花青素，有预防衰老、缓解视疲劳的作用。这几种食材均富含膳食纤维，有助于孕妈妈保持胃肠道健康、促进排便。

第三章

孕中期（孕4~7月）
促骨骼发育、预防贫血家常菜

孕妈妈和胎儿的生理变化

	胎儿	孕妈妈
孕4月	× 性器官：能够分辨出性别 × 骨骼：骨骼发育得更加完善 × 胎动：有些孕妈妈可以感觉到胎动	× 食欲开始好转，孕吐反应减轻 × 子宫已经长到小孩的头一样大小 × 妊娠斑越发明显 × 出现尿频
孕5月	× 头发：长了一层细细的异于胎毛的头发 × 胎盘：直径有所增加 × 四肢：骨骼和肌肉发达，胳膊和腿不停地活动着	× 乳房不断增大，乳晕颜色继续加深 × 臀部更加丰满，外阴颜色加深 × 下腹部明显隆起
孕6月	× 大脑：快速发育，出现沟回 × 四肢：能把手臂同时举起来，能将腿蜷曲起来以节省空间 × 肺泡：开始形成，并且开始出现吞咽反应	× 子宫日益增大压迫到肺，上楼时会感觉到吃力，呼吸相对困难 × 小腹明显隆起，一看就是孕妇的模样了 × 偶尔会感觉腹部疼痛
孕7月	× 大脑：脑组织开始出现皱缩样，大脑皮层已很发达 × 视听：开始能分辨妈妈的声音，视网膜已经形成 × 四肢：可在羊水里自如地"游泳"了	× 容易出现重心不稳，应避免做剧烈运动，也不要做压迫腹部的动作 × 有可能出现下肢水肿、腰酸、大腿酸痛、耻骨痛、尿频等

1 为了避免体重增长过多，导致肥胖、妊娠期糖尿病、妊娠期高血压等疾病，所以孕中期饮食上一定要注意防止摄入过多。

饮食要点

2 增加蛋白质的摄入量，尤其是优质蛋白质的比例要提高，以促进胎儿身体发育。

3 孕中期开始，孕妈妈要储备热量为生产做准备，因此要保证脂肪的供给量，但注意不要补过量。

4 孕中期尤其容易出现缺铁、缺钙等症状，因此在均衡营养的基础上，要侧重补充钙、铁等营养素，碘、锌等营养素也要避免缺乏；叶酸可以继续补，也可以通过查血清叶酸和红细胞叶酸水平以确认是否继续补。维生素 D 可以促进钙吸收，预防佝偻病。由于食物中维生素 D 含量很少，孕妈妈可以多晒太阳，提高体内维生素 D 的含量。

辟谣 ~~~~~
喝豆浆，就不用再喝牛奶了，一样能补钙

豆浆的含钙量远不及牛奶。所以孕妈妈不能用豆浆代替牛奶来补钙。豆浆更重要的作用是补充人体所需的大豆异黄酮、蛋白质等，这些物质能够更好地促进钙的吸收。

孕妈妈在保证每天摄入奶量不变的前提下，可以每天喝一杯豆浆，但绝不是用豆浆替代牛奶来补钙。

蛋白质

构成胎儿身体组织

孕中期

70 克/日

70 克蛋白质 ≈ 100 克虾 +300 克牛奶 + 鸡肉 80 克 +100 克豆腐 +100 克猪肉

铁

避免孕期贫血

孕中期

24 毫克/日

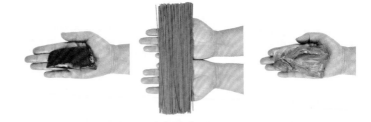

24 毫克铁 ≈ 50 克猪肝 +120 克荞麦面 +100 克牛肉

钙

促进胎儿骨骼发育，预防孕期腿抽筋及骨质疏松

孕中期

1000 毫克/日

1000 毫克钙 ≈ 300 克牛奶 +250 克白菜 +30 克水发海带 +200 克芥蓝 + 200 克豆腐

锌

促进生殖器官发育

孕中期

9.5 毫克/日

9.5 毫克锌 ≈ 100 克牡蛎 ≈ 80 克扇贝肉

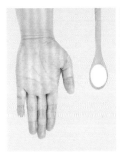  

碘

避免呆小症

孕中期

230 微克 / 日

230 微克 ≈ 5 克碘盐 +100 克水发木耳 +40 克水发海带

维生素 A

促进胎儿视网膜正
常发育

孕中期

770 微克 / 日

770 微克维生素 A ≈ 9 克猪肝 +300 克牛奶

膳食
纤维

降低血糖，
预防便秘

孕中期

25~30 克 / 日

25~30 克膳食纤维 ≈ 100 克糙米 +150 克藜麦 +60 克鹰嘴豆

DHA

促进胎儿视力和
大脑发育

整个孕期至少

200 毫克 / 日

每周吃 2 ~ 3 次鱼
即可满足孕期需要

200 毫克 DHA ≈ 150 克鱼肉

凉菜

重要营养素
(钙)(维生素 C)(膳食纤维)
预防贫血和便秘

重要营养素
(维生素 C)
消除疲劳，提高抗病力

水晶白菜卷

材料 ※ 大白菜叶 100 克，胡萝卜、黄瓜各 50 克，鸡蛋 1 个。

调料 ※ 白糖、生抽、醋、盐各 3 克。

做法 ※

1 胡萝卜、黄瓜洗净，切丝；大白菜叶洗净，焯软；鸡蛋打散成蛋液，煎成蛋饼，切丝；胡萝卜丝用少许油炒熟，盛出备用。

2 取一片大白菜叶，将少许胡萝卜丝、黄瓜丝、蛋丝摆在上面，卷起来，放在盘子里。剩余菜按照此方法依次卷好，码入盘中。

3 将白糖、醋、生抽、盐调成蘸汁，搭配白菜卷一同食用。

凉拌洋葱

材料 ※ 洋葱 200 克，柿子椒 100 克。

调料 ※ 醋 8 克，酱油 5 克，香油少许。

做法 ※

1 洋葱洗净，切丝；柿子椒洗净，去蒂及子，切细丝。

2 将洋葱丝、柿子椒丝放盘中，加入醋、酱油、香油拌匀即可。

※ 李宁大夫的营养叮咛 ——————
这道菜含有蒜素、维生素 C 等营养，能增强新陈代谢，提高抗病力，减轻疲劳。

爽口油菜

材料 ✕ 油菜 350 克。

调料 ✕ 盐 2 克、葱花、醋各 5 克，橄榄油少许。

做法 ✕

1 油菜放入淡盐水中浸泡 5 分钟，择洗干净，焯熟，捞出备用。

2 将油菜放盘中，放入盐、醋拌匀，滴上橄榄油，撒上葱花即可。

重要营养素

（维生素 C）（膳食纤维）

防便秘

✕ **李宁大夫的营养叮咛**

这道菜含有丰富的维生素 C 和膳食纤维，能帮助孕妈妈提高抗病力，预防和调理便秘。

五彩大拌菜

材料 ✕ 紫甘蓝 100 克，熟黑芝麻少许，生菜、彩椒、苦菊、熟花生米、圣女果各 30 克。

调料 ✕ 白糖、醋、生抽各 5 克，盐 3 克，香油少许。

做法 ✕

1 所有蔬菜洗净，切成适宜入口的大小。

2 将处理好的蔬菜、熟花生米放盘中。

3 加白糖、醋、生抽、盐、香油拌匀，撒上熟黑芝麻即可。

重要营养素

（维生素 C）（维生素 E）

预防妊娠纹

✕ **李宁大夫的营养叮咛**

这道菜富含维生素 C、维生素 E、钾等，对预防妊娠纹和妊娠斑有益。

重要营养素
(钾) (膳食纤维)
缓解孕期水肿

糖醋藕片

材料 ✕ 莲藕 300 克，苹果醋 200 克，枸杞子 5 克。

调料 ✕ 白糖少许。

做法 ✕

1 莲藕洗净，去皮，切薄片，入沸水中焯烫 2 分钟，过凉，沥干；枸杞子洗净，浸泡至软。

2 将苹果醋倒入容器中，加入白糖，放入莲藕片，稍微腌渍一下，点缀枸杞子即可食用。

✕ 李宁大夫的营养叮咛
这道菜爽脆、酸甜，能刺激食欲、清热凉血、降压除燥，非常适合炎热的夏季作为开胃小菜。

重要营养素
(叶酸) (DHA)
促进胎儿大脑发育

芦笋沙拉

材料 ✕ 芦笋 200 克，牛油果 80 克。

调料 ✕ 苹果醋、橄榄油各 10 克，盐 2 克，黑胡椒粉 1 克。

做法 ✕

1 芦笋去老根，洗净；牛油果去皮除核，切片。

2 取小碗，加苹果醋、橄榄油、盐、黑胡椒粉拌匀，制成沙拉汁。

3 汤锅置火上，倒入适量水烧开，加盐，放入芦笋快速焯烫，捞出过凉，沥干水分，切段。

4 取盘，放入芦笋段和牛油果，淋上沙拉汁拌匀即可。

蔬菜花园沙拉

材料 ✕ 菜花、生菜、紫甘蓝各100克，圣女果、草莓各50克，藜麦10克，青柠檬20克。

做法 ✕

1 菜花洗净，掰朵，入沸水中煮熟，捞出沥干；生菜洗净，撕片；紫甘蓝洗净，切丝；圣女果、草莓洗净，切成角；藜麦洗净，煮熟。

2 将生菜铺在盘上，菜花、紫甘蓝、圣女果、草莓按喜欢的方式摆在盘中，撒上藜麦，挤上青柠汁即可。

✕ **李宁大夫的营养叮咛**

这道菜富含维生素C，可以促进铁吸收。另外，还有开胃促食、预防便秘的功效。

重要营养素

(维生素 C) (膳食纤维)

促进铁吸收，预防便秘

花生番茄沙拉

材料 ✕ 花生米60克，圣女果100克，菠菜80克。

调料 ✕ 自制油醋汁10克。

做法

1 花生米洗净，浸泡20分钟。

2 锅内放入清水，加入花生米，水开后改中火煮15～20分钟，捞出备用。

3 将圣女果洗净后一切两半备用；菠菜洗净，放入沸水中焯烫，捞出，切段备用。

4 将花生米、圣女果块、菠菜段混合在一起，淋上自制的油醋汁即可。

重要营养素

(叶酸) (维生素 C)

预防贫血

自制油醋汁

1. 准备橄榄油2勺，醋1勺，柠檬1/4个，盐少许。
2. 将橄榄油、醋、盐混合在一起，挤上柠檬汁即可。

重要营养素

(维生素 C) (胡萝卜素)

促进铁吸收，预防贫血

苦菊轻身沙拉

材料 ❉ 苦菊、莴笋叶各 100 克，彩椒
30 克，熟白芝麻少许。

调料 ❉ 自制油醋汁 20 克。

做法 ❉

1 将苦菊、莴笋叶、彩椒洗净，沥干
水分。

2 苦菊去除根部；莴笋叶切段；彩椒
去蒂及子，切块。

3 将处理好的材料一起放进沙拉碗中，
淋上油醋汁后拌匀，撒上熟白芝麻
即可。

重要营养素

(膳食纤维) (叶黄素)

呵护眼睛，防便秘

玉米苹果沙拉

材料 ❉ 苹果、熟玉米粒各 100 克，柠
檬半个，酸奶 50 克。

调料 ❉ 盐 3 克、白胡椒粉、黑胡椒碎
各 5 克。

做法 ❉

1 柠檬挤汁；苹果洗净，去皮、核，
切丁，放入加盐和柠檬汁的冰水中
浸泡 3~5 分钟，沥干备用。

2 将酸奶放入容器中，加苹果丁、熟
玉米粒一起拌匀，加调料调味即可。

❉ 李宁大夫的营养叮咛

玉米含有丰富的膳食纤维和叶黄素，苹果含
钾丰富，二者搭配做成沙拉，可稳定血压、
防便秘、保护视力。

木耳拌魔芋

材料 ※ 魔芋豆腐 200 克，水发木耳
50 克。

调料 ※ 生抽 5 克，葱末、蒜末各 6 克，
盐、胡椒粉各 2 克。

做法 ※

1 魔芋豆腐洗净，切厚片，焯熟；水
发木耳洗净，焯熟；将魔芋豆腐和
木耳一起放入盘中。

2 锅内倒油烧热，放入葱末和蒜末爆
香，加入生抽、胡椒粉、盐小火炒
匀，浇在魔芋豆腐和木耳上，拌匀
即可。

※ 李宁大夫的营养叮咛

魔芋有很强的饱腹感，可以控糖降脂。木耳
含丰富的钙、铁、膳食纤维，有养血补虚的
功效，还能促进肠胃蠕动。

重要营养素

（铁）（钙）（膳食纤维）

控糖，通便，预防贫血

白菜海带丝

材料 ※ 白菜心 250 克，水发海带 100 克。

调料 ※ 香菜碎 20 克，蒜末 10 克，醋、
香油各 5 克，酱油 3 克，白糖
1 克。

做法 ※

1 白菜心洗净，切丝；水发海带洗净，
切丝，放入沸水中煮 10 分钟，捞出
凉凉，沥干水分。

2 取盘，放入白菜丝和海带丝，将所
有调料制成调味汁，浇在食材上，
拌匀即可。

重要营养素

（维生素 C）（碘）

促进铁吸收，预防贫血

重要营养素
蛋白质 钙 维生素 C
促进骨骼生长

青椒豆腐丝

材料 ※ 柿子椒（青椒）250 克，豆腐
丝 100 克。

调料 ※ 醋 10 克，盐、香油各 3 克，
白糖少许。

做法 ※

1 柿子椒洗净，去蒂及子，切丝；豆
腐丝洗净，切短段。

2 汤锅置火上，倒入适量水烧开，放
入豆腐丝焯水，捞出，过凉，沥干
水分。

3 取盘，放入豆腐丝、柿子椒丝，加
盐、白糖、醋拌匀，淋上香油即可。

※ 李宁大夫的营养叮咛 ────────

柿子椒中富含维生素 C 和膳食纤维；豆腐丝
中富含蛋白质和钙。二者搭配做菜，可以促
进食欲，促进骨骼生长。

重要营养素
蛋白质 钙 叶酸
促进胎儿大脑发育

香椿拌豆腐

材料 ※ 香椿 100 克，豆腐 300 克。

调料 ※ 盐 3 克，香油少许。

做法 ※

1 香椿洗净，入沸水焯烫后捞出，沥
干，切碎；豆腐洗净，切丁，入沸
水略焯，捞出沥干。

2 将香椿碎、豆腐丁加盐、香油，拌
匀即可。

※ 李宁大夫的营养叮咛 ────────

这道菜富含蛋白质、钙、叶酸，有助于促进
胎儿发育。

香干拌豌豆苗

材料 ※ 豌豆苗300克，豆腐干100克。

调料 ※ 生抽3克，香油2克。

做法 ※

1 豌豆苗洗净，入沸水中煮15秒后捞出，沥干备用；豆腐干洗净切条，入沸水中焯一下，沥干放凉。

2 将豌豆苗和豆腐干丝放入盆中，加入生抽、香油，拌匀即可。

※ 李宁大夫的营养叮咛

豆腐干富含蛋白质和钙，豌豆苗富含维生素C，二者搭配食用可以预防孕妈妈出现骨质疏松。

重要营养素
（钙）（维生素C）
预防骨质疏松

豆皮素菜卷

材料 ※ 豆腐皮100克，水发木耳、鲜香菇、柿子椒、红彩椒各50克。

调料 ※ 盐、酱油、葱花、花椒粉、白糖各3克，香葱适量。

做法 ※

1 将豆腐皮洗净，切大片；水发木耳洗净，切丝；香菇洗净，去蒂，切丝；柿子椒、红彩椒洗净，去蒂及子，切丝。

2 豆腐皮上放木耳丝、香菇丝、柿子椒丝、彩椒丝，卷起来，用香葱扎起来，蒸熟，放凉。

3 锅内倒油烧热，炒香葱花和花椒粉，加少许清水、盐、白糖烧沸，淋在豆皮素菜卷上即可。

重要营养素
（维生素C）（钙）
促进骨骼生长

芦笋玉米鲜虾沙拉

材料 ⋇ 鲜虾 150 克，紫甘蓝、芦笋、鲜玉米粒各 100 克。

调料 ⋇ 油醋汁适量，盐少许。

做法 ⋇

1 紫甘蓝洗净，切丝；芦笋洗净，切段；玉米粒洗净，煮熟；鲜虾去壳及虾线，洗净。

2 锅中放水烧开，加少许盐，将芦笋段、鲜虾和玉米粒分别煮熟，捞出沥干。

3 将所有食材装盘，淋上适量油醋汁拌匀即可。

⋇ **李宁大夫的营养叮咛**————

芦笋富含叶酸，虾仁富含矿物质和蛋白质，对预防胎儿神经管畸形有益，还能促进孕妈妈的新陈代谢，预防便秘。

重要营养素

(叶酸) (蛋白质)

预防胎儿神经管畸形

虾仁生菜沙拉

材料 ⊠ 虾仁 80 克，生菜 100 克，鸡蛋
2 个。

调料 ⊠ 胡椒粉、油醋汁、欧芹碎各
适量。

做法 ⊠

1 虾仁洗净，去虾线，焯熟，捞出；生
菜洗净，撕成小片；鸡蛋洗净，煮熟，
去壳，切瓣。

2 取盘，放入焯好的虾仁和生菜叶，
撒上胡椒粉，淋上油醋汁，放上欧
芹碎和熟鸡蛋瓣即可。

※ 李宁大夫的营养叮咛

此菜富含蛋白质、钙、多种维生素等，能补
充脑力、提高机体免疫力，还有助于改善食
欲，促进骨骼健康。

重要营养素
(蛋白质) (维生素 C)
改善食欲，促进骨骼健康

白菜心拌海蜇皮

材料 ⊠ 白菜心 300 克，海蜇皮 100 克。

调料 ⊠ 蒜泥、盐、醋、香菜段各适量，
香油 2 克。

做法 ⊠

1 海蜇皮放冷水中浸泡 3 小时，洗净后
焯水，切细丝；白菜心洗净，切丝。

2 海蜇皮丝和白菜丝一同放入盘中，
加蒜泥、盐、醋、香油拌匀，撒上
香菜段即可。

※ 李宁大夫的营养叮咛

白菜心富含膳食纤维、维生素 C 等，海蜇皮
可提供钙、蛋白质，二者凉拌，可以补充营
养、促进食欲，且热量很低，可避免血糖
升高。

重要营养素
(钙) (膳食纤维)
开胃促食，预防便秘

热菜

重要营养素

(锌) (铜) (膳食纤维)

促进胎儿大脑发育，
预防孕期便秘

核桃仁炒韭菜

材料 ※ 韭菜 200 克，核桃仁 50 克。

调料 ※ 盐 2 克。

做法 ※

1 韭菜择洗干净，切段。

2 锅中油烧热，下韭菜段，加盐炒匀，
倒入核桃仁翻炒几下即可。

※ 李宁大夫的营养叮咛

核桃仁中含有锌和铜，韭菜富含膳食纤维，
二者搭配炒食，有促进胎儿大脑发育、润肠
通便、预防早产的作用。

重要营养素

(膳食纤维) (不饱和脂肪酸)

润肠通便 ，促进胎儿发育

西芹腰果

材料 ※ 西芹 250 克，腰果 40 克。

调料 ※ 盐 2 克，葱花、姜丝各 5 克。

做法 ※

1 西芹择洗干净，切段。

2 锅内倒油烧至六成热，放入葱花、
姜丝，炒出香味后捞出。

3 快速放入西芹段、腰果、盐，略微
翻炒即可出锅。

※ 李宁大夫的营养叮咛

西芹富含钾、膳食纤维，腰果富含不饱和脂
肪酸和硒，可润肠通便、促进胎儿大脑发育。

干酪芦笋

材料 ※ 芦笋 500 克，干酪 50 克。

调料 ※ 黄油适量。

做法 ※

1 芦笋洗净，去根部，切段，放入沸水中焯烫，捞出沥干，装盘。

2 将干酪磨碎，撒在芦笋尖部。

3 锅内加入黄油煮化，当其呈现出泡沫状时，淋在芦笋上即可。

重要营养素

（维生素 C）（钙）（维生素 B_2）

强健骨骼，缓解疲劳

※ 李宁大夫的营养叮咛 ————

这道菜含有维生素 C、钙、维生素 B_2 等，能促进胎儿骨骼和牙齿发育，还能帮助孕妈妈缓解疲劳。

山药木耳炒莴笋

材料 ※ 莴笋 200 克，山药、水发木耳各 50 克。

调料 ※ 葱丝 3 克，盐 2 克。

做法 ※

1 莴笋洗净，去皮，切片；木耳洗净，撕小朵；山药洗净，去皮，切片。

2 山药片和木耳分别焯烫，捞出。

3 锅内倒油烧热，爆香葱丝，倒入莴笋片、木耳、山药片炒熟，放盐调味即可。

重要营养素

（膳食纤维）（钾）

防便秘，稳定血压

※ 李宁大夫的营养叮咛 ————

这道菜含有膳食纤维、钾，能润肠通便，帮助孕妈预防便秘，还有稳定血压的作用。

重要营养素

(钙) (膳食纤维)

促进胎儿骨骼生长，防便秘

毛豆烧丝瓜

材料 ※ 丝瓜 250 克，毛豆粒 100 克。

调料 ※ 葱丝、姜末各 5 克，盐、水淀粉各适量。

做法 ※

1 毛豆粒洗净，焯水后捞出沥干；丝瓜洗净，去皮，切滚刀块。

2 锅内倒油烧热，煸香葱丝、姜末，放毛豆粒翻炒至软，下丝瓜块炒软，加盐，用水淀粉勾芡即可。

重要营养素

(钾) (蛋白质)

稳定血压，预防水肿

雪菜炒土豆

材料 ※ 土豆 250 克，雪里蕻（雪菜）、豆腐干、花生米各 50 克。

调料 ※ 葱花、蒜末各 5 克，酱油 10 克，大料 1 个。

做法 ※

1 土豆去皮，洗净，切丁，入沸水中煮至七成熟，捞出沥干；雪里蕻洗净，切碎；豆腐干切丁；花生米入水中加大料煮熟。

2 锅置火上，倒油烧热，下入葱花、蒜末炒香，放入土豆丁大火翻炒几下，放入酱油，待土豆上色后放入雪里蕻碎、豆腐干丁、花生米翻炒均匀即可。

重要营养素

(钙) (钾) (膳食纤维)

促进骨骼生长，预防水肿

茼蒿烧豆腐

材料 ※ 茼蒿 150 克，豆腐 300 克。

调料 ※ 葱花 5 克，盐、水淀粉各适量。

做法 ※

1 茼蒿洗净，切末；豆腐洗净，切丁。

2 炒锅置火上，倒入植物油烧至七成热，放葱花炒香，放入豆腐丁翻炒均匀。

3 锅中加适量清水，烧沸后转小火，倒入茼蒿末翻炒 2 分钟，用盐调味，用水淀粉勾芡即可。

※ **李宁大夫的营养叮咛** ——

茼蒿含有钾，可抑制钠吸收，促进钠从尿液中排泄，减少水钠潴留引起的水肿；豆腐富含钙质，能帮助孕妈妈补钙强体。

白菜炖豆腐

材料 ※ 大白菜、豆腐各 300 克。

调料 ※ 葱段、姜片各 5 克，十三香 3 克，大料、酱油各适量。

做法 ※

1 大白菜洗净，切小片；豆腐洗净，切块。

2 锅内倒油烧热，放入葱段、姜片、大料炒香，加入大白菜片、酱油翻炒，倒入适量清水没过大白菜，加入豆腐块。

3 大火烧开后转中火炖 10 分钟，加十三香调味即可。

李宁大夫的营养叮咛————

白菜富含维生素 C 和膳食纤维，可增强肠胃蠕动，促排便；豆腐富含蛋白质、钙，有助于预防骨质疏松。

重要营养素

钙 膳食纤维

促进骨骼生长，预防便秘

蒜香口蘑

材料 ✕ 新鲜口蘑 250 克，彩椒 20 克。

调料 ✕ 黄油 10 克，白糖 3 克，蒜末 20 克，料酒少许，黑胡椒粉、盐各适量。

做法 ✕

1 口蘑洗净后去蒂；彩椒洗净，去蒂及子，切丝。

2 用平底煎锅将黄油炒化，加入蒜末炒香，底朝下放入口蘑，小火慢慢煎。

3 一面煎熟后，翻过来慢慢煎另一面。边煎边加盐、黑胡椒粉、料酒进行调味。

4 待口蘑煎熟，"小碗"里充满汁水时，撒一点白糖，用彩椒丝装饰即可。

重要营养素

(锌) (B 族维生素)

促进蛋白质合成

肉丝炒茭白

材料 ✕ 茭白 250 克，猪瘦肉 100 克。

调料 ✕ 葱末、姜末各 5 克，白糖、酱油各 3 克，盐、淀粉各适量。

做法 ✕

1 猪瘦肉洗净，切丝，用酱油、淀粉腌渍，入油锅炒至变色；茭白去老皮，洗净，切丝。

2 油锅烧热，爆香葱末、姜末，倒茭白丝，加盐、白糖翻炒熟，倒肉丝稍炒即可。

✕ **李宁大夫的营养叮咛**

这道菜荤素搭配，富含蛋白质、铁，能提高抗病力，改善缺铁性贫血。

重要营养素

(铁) (蛋白质)

改善缺铁性贫血，提高免疫力

重要营养素

(铁) (蛋白质)

预防贫血，提高免疫力

苦瓜酿肉

材料 ※ 苦瓜300克，猪肉馅150克，鸡蛋1个，面粉、鲜香菇、虾仁各20克。

调料 ※ 盐少许，酱油、水淀粉、蒜末各5克。

做法 ※

1 苦瓜洗净，去瓤，切成4厘米的段，蒸熟，沥干；鲜香菇、虾仁分别洗净，切碎，加猪肉馅、鸡蛋、面粉、水淀粉、盐、蒜末调成馅，塞入苦瓜段中；用水淀粉封两端，煎黄捞出，竖放在盘中，加酱油蒸熟。

2 将蒸苦瓜的原汁倒入锅中烧开，加水淀粉勾芡，将芡汁浇在苦瓜上即可。

重要营养素

(钙) (碘) (蛋白质)

促进骨骼生长，预防呆小症

海带煲腔骨

材料 ※ 腔骨500克，水发海带、鲜香菇各50克，枸杞子5克，红枣20克。

调料 ※ 姜片、盐各4克，醋10克，香油少许。

做法 ※

1 腔骨洗净，剁块，焯烫，捞出；香菇洗净，去蒂，切片；枸杞子、红枣洗净；海带洗净，切段。

2 将所有材料（除枸杞子）放锅中，加适量水，加姜片、醋，大火煮开后改小火慢炖，直至腔骨快熟时放枸杞子、盐续煮至熟，关火，淋香油即可。

猪血炖豆腐

材料 ✕ 猪血、北豆腐各150克。

调料 ✕ 葱花、姜末各5克，盐2克。

做法 ✕

1 猪血和北豆腐洗净，切块。

2 锅内倒油烧热，爆香葱花、姜末，放入猪血块和豆腐块翻炒均匀，加适量清水炖熟，用盐调味即可。

重要营养素

(钙) (铁)

预防贫血，促进骨骼生长

✕ **李宁大夫的营养叮咛** ────

猪血中含有丰富的铁元素，且容易被人体吸收利用，每周食用1～2次有利于帮助孕妈妈预防缺铁性贫血。北豆腐中富含钙质，有助于胎儿骨骼生长。

西蓝花煎牛肉

材料 ✕ 牛里脊150克，西蓝花100克，土豆80克，圣女果50克。

调料 ✕ 盐、黑胡椒各4克，橄榄油适量。

做法 ✕

1 牛里脊洗净，切小块；西蓝花洗净，掰成小朵，煮至断生；土豆洗净，去皮，切小块，煮熟；圣女果洗净备用。

2 平底锅内刷上橄榄油，放入牛肉块煎熟。

3 依次放入西蓝花、土豆块、圣女果，稍微煎一下，撒上胡椒粉和盐调味，装盘即可。

重要营养素

(铁) (维生素 C)

改善缺铁性贫血

粉蒸羊肉

材料 ※ 羊肉 500 克，米粉 150 克。

调料 ※ 葱丝、姜末、料酒、辣豆瓣酱、茴香子、大料、香菜段、香油、胡椒粉、盐各适量。

做法 ※

1 羊肉洗净，切薄片，放入葱丝、料酒、姜末、盐拌匀，腌渍 10 分钟。

2 将茴香子、大料放入锅中炒香，倒出压碎；将辣豆瓣酱炒出香味，加少量水，放入米粉，拌匀装盘，上屉大火蒸 5 分钟，取出。

3 将腌渍好的羊肉片加胡椒粉、蒸好的米粉拌匀，上屉蒸 30 分钟，取出，放上香菜段，淋香油即可。

重要营养素

（铁）（蛋白质）

预防缺铁性贫血

萝卜烧羊肉

材料 ╳ 白萝卜、羊肉各 200 克，蒜薹 20 克。

调料 ╳ 姜片、大料、酱油、盐各适量。

做法 ╳

1 羊肉洗净，切块；白萝卜洗净，切块；蒜薹洗净，切段。

2 锅内放油烧热，放入姜片、大料、羊肉块爆炒出香味，再放入适量热水炖至羊肉快熟时，加入白萝卜块、盐、酱油炖至入味，放入蒜薹段略煮即可。

╳ **李宁大夫的营养叮咛** ────

白萝卜中的芥子油和膳食纤维能促进胃肠蠕动，可增进食欲，帮助消化。羊肉富含蛋白质和铁，可以预防缺铁性贫血。

重要营养素

(铁) (膳食纤维)

预防贫血和便秘

重要营养素
(蛋白质) (维生素 C) (膳食纤维)
促进胎儿大脑发育，预防便秘

竹笋炒鸡丝

材料 ※ 鸡胸肉 250 克，竹笋 100 克，
柿子椒、红甜椒各 30 克。

调料 ※ 葱段、姜片各 5 克，料酒、盐
各 2 克，水淀粉适量。

做法 ※

1 鸡胸肉洗净，切丝，加盐、料酒、
水淀粉拌匀腌渍；竹笋洗净，切丝，
焯水；柿子椒、红甜椒去蒂及子，
洗净，切丝。

2 锅内倒油烧热，爆香葱段、姜片，
放入鸡丝炒散，加竹笋丝、柿子椒
丝、红甜椒丝翻炒，加适量水盖盖
焖至将熟，加盐炒匀即可。

重要营养素
(铁) (膳食纤维)
预防贫血和便秘

西芹炒鸭血

材料 ※ 鸭血 300 克，西芹 200 克。

调料 ※ 葱花、蒜片各 5 克，盐、五香
粉各 3 克。

做法 ※

1 西芹取梗，洗净后切斜段；鸭血洗
净切条，入沸水中焯烫。

2 锅内倒油烧热，爆香葱花、蒜片、
五香粉，放入西芹段略炒，再加入
鸭血条炒至变色，加盐调味即可。

※ 李宁大夫的营养叮咛
西芹富含膳食纤维，有助于促进肠道蠕动，
具有通便的功效；鸭血富含铁，有润肠排毒、
补血的功效。

鳝鱼芹菜

材料 ※ 鳝鱼 150 克，芹菜 250 克。

调料 ※ 葱末、姜末、蒜末、盐各适量。

做法 ※

1 芹菜洗净后切段；鳝鱼洗净后切段，焯水后捞出备用。

2 锅内放油烧热，放姜末、蒜末、葱末炒香，倒入鳝鱼段翻炒至七成熟，放芹菜段炒熟，加盐调味即可。

重要营养素

(钙) (硒) (膳食纤维)

预防骨质疏松，缓解便秘

※ **李宁大夫的营养叮咛**

这道菜富含钙、硒、膳食纤维，既能促进胎儿骨骼发育，也能帮助孕妈妈预防骨质疏松、缓解便秘。

清蒸鳕鱼

材料 ※ 鳕鱼块 200 克。

调料 ※ 葱段、花椒粉、盐、料酒、酱油、水淀粉各适量。

做法 ※

1 鳕鱼块洗净，加盐、花椒粉、料酒抓匀，腌渍 20 分钟。

2 取盘，放入鳕鱼块，送入上汽的蒸锅蒸 12 分钟，取出。

3 锅置火上，倒入适量油烧至七成热，加酱油、葱段炒出香味，淋入蒸鳕鱼的原汤，用水淀粉勾芡，淋在鳕鱼块上即可。

重要营养素

(DHA) (钙)

促进胎儿大脑和骨骼发育

重要营养素
（DHA）（蛋白质）
促进胎儿大脑发育

三文鱼蒸蛋

材料 ⚮ 三文鱼 100 克，鸡蛋 2 个。

调料 ⚮ 酱油 3 克，葱末、香菜末各少许。

做法 ⚮

1 鸡蛋磕入碗中，加入 50 克清水打散；三文鱼洗净，切粒，倒入蛋液中，搅匀。

2 将蛋液放入蒸锅隔水蒸熟，取出，撒上葱末、香菜末，淋入酱油即可。

⚮ 李宁大夫的营养叮咛 ————————

这道菜富含 DHA、优质蛋白质，能促进胎儿大脑和眼睛发育，还能增强抗病力。

重要营养素
（硒）（钙）（胡萝卜素）
促进骨骼健康生长，
呵护视力

腰果鲜贝

材料 ⚮ 鲜贝 250 克，腰果 50 克，黄瓜、胡萝卜各 100 克。

调料 ⚮ 姜片、料酒各 5 克，盐 3 克，水淀粉 15 克。

做法 ⚮

1 鲜贝洗净，放入沸水中烫一下，捞出沥干。

2 黄瓜洗净，切丁；胡萝卜洗净，去皮，切丁。

3 锅置火上，放油烧热，爆香姜片，放入鲜贝和料酒翻炒均匀。

4 再放入腰果、黄瓜丁和胡萝卜丁，加盐调味，用水淀粉勾芡即可出锅。

彩色鱼丁

材料 ⁑ 鲤鱼 500 克，彩椒、柿子椒、
玉米粒各 50 克，鸡蛋清 1 个。

调料 ⁑ 姜末、盐各 4 克，料酒 8 克，
水淀粉 20 克，胡椒粉 3 克。

做法 ⁑

1 将鲤鱼收拾干净，去掉鱼皮，将鱼
肉去刺后切成小丁，盛入碗中，倒
入鸡蛋清抓匀；彩椒、柿子椒洗净，
去蒂及子，切小丁；玉米粒洗净。

2 锅内倒油烧热，炒香姜末，下入鱼
丁滑炒至散，放入玉米粒、彩椒丁、
柿子椒丁翻炒片刻。

3 倒入料酒、盐、胡椒粉炒匀，出锅
前用水淀粉勾薄芡即可。

重要营养素
(胡萝卜素) (蛋白质)
呵护视力，促进胎儿
健康发育

海米冬瓜

材料 ⁑ 冬瓜 200 克，海米 10 克。

调料 ⁑ 葱花、姜末各 5 克，料酒 10 克，
盐 2 克。

做法 ⁑

1 冬瓜削去外皮，去瓤及子，洗净，
切片；海米用温水泡软。

2 炒锅烧热，倒油烧至六成热，放入
葱花、姜末炝锅，放入冬瓜片炒软，
倒入少许水、盐、料酒、海米，烧
开后用大火翻炒均匀，转小火焖烧
至冬瓜透明入味即可。

⁑ **李宁大夫的营养叮咛**
海米含有钙和碘，搭配利尿排毒的冬瓜炒食，
有助于利尿消肿。

重要营养素
(钾) (钙)
利尿消肿

汤羹

重要营养素
(铁) (胡萝卜素)
预防贫血，呵护视力

胡萝卜雪梨瘦肉汤

材料 ☒ 猪瘦肉150克，雪梨、胡萝卜各100克。

调料 ☒ 姜片5克，盐3克。

做法 ☒

1 猪瘦肉洗净，切小块；雪梨洗净，去皮及核，切小块；胡萝卜去皮，洗净，切片。

2 锅中加入冷水，放入瘦肉块、雪梨块、胡萝卜片、姜片，大火烧开，转小火慢炖30分钟，加盐调味即可。

重要营养素
(硒) (铁) (钾)
利尿控压，补血

冬瓜排骨汤

材料 ☒ 冬瓜200克，猪排骨300克。

调料 ☒ 葱段、姜片各5克，料酒10克，盐3克。

做法 ☒

1 冬瓜洗净，去皮及子，切块，放入沸水中焯一下，捞出；猪排骨剁成块，放入沸水中焯几分钟后捞出，洗净备用。

2 锅置火上，放入适量植物油烧热，下入葱段、姜片炝锅，加入料酒和适量清水，放入排骨大火烧开，改小火炖1小时，再放入冬瓜块，炖15分钟至冬瓜熟软，加盐调味即可。

※ 李宁大夫的营养叮咛

冬瓜可以利尿消肿，猪排骨可以补钙补血，这道汤特别适合水肿的孕妈妈喝。

菠菜猪血蛋花汤

材料 ✕ 菠菜150克，猪血100克，番茄80克，红薯、白萝卜各50克，鸡蛋1个，油豆腐30克。

调料 ✕ 盐适量。

做法 ✕

1 所有食材（除油豆腐）洗净；菠菜切段；猪血切块；番茄切块；白萝卜去皮，切扇形片；红薯去皮，切滚刀块；鸡蛋打散备用。

2 锅中倒入适量清水，水开后放入白萝卜片、红薯块、番茄块和油豆腐，盖盖，煮15分钟后放入猪血块，再次煮开后放入菠菜段。

3 水微开后，打入鸡蛋液，加盐调味即可。

✕ **李宁大夫的营养叮咛**————

菠菜中富含叶酸、维生素C，猪血中富含铁，菠菜中的维生素C又能促进铁吸收，有效预防缺铁性贫血。另外，白萝卜里含有丰富的维生素C，可以促进胃肠蠕动，能有效缓解孕期便秘。

重要营养素

（叶酸）（铁）（膳食纤维）

预防贫血和便秘

蛋白质 钙 胡萝卜素

促进胎儿骨骼发育，呵护视力

黄豆西蓝花排骨汤

材料 ※ 黄豆、西蓝花、鲜香菇各50克，
猪排骨200克。

调料 ※ 盐3克，姜片适量。

做法 ※

1 黄豆洗净，泡发；猪排骨洗净，剁
成段，沸水焯烫，冲去血沫；鲜香
菇洗净，一切两半；西蓝花洗净，
切小朵。

2 锅中倒入适量清水，放入黄豆、排
骨段，加姜片大火煮沸，加入香菇
转小火煲约1小时，至黄豆、排骨
熟烂，放入西蓝花煮约5分钟，加
盐调味即可。

重要营养素
铁 锌 蛋白质

预防贫血，增强抵抗力

南瓜牛肉汤

材料 ※ 南瓜300克，牛肉250克。

调料 ※ 盐、葱花、姜丝各适量。

做法 ※

1 南瓜去皮及瓤，洗净，切小方块备用。

2 牛肉洗净，去筋膜，切小方块，沸
水焯至变色，捞出，去血沫。

3 锅内倒入适量清水，大火烧开，放
入牛肉块和姜丝，大火煮沸，转小
火煮约1.5小时，加入南瓜块再煮
30分钟，加盐调味，撒上葱花即可。

萝卜牛腩汤

材料 ※ 白萝卜 150 克，牛腩 100 克，
芥蓝 80 克。

调料 ※ 葱花、姜片、料酒各少许，酱油、
盐各适量。

做法 ※

1 所有食材洗净；牛腩切块，焯水，捞
出；白萝卜去皮，切块；芥蓝切段。

2 锅内倒油烧热，放入牛腩块翻炒，
加酱油、料酒、姜片和适量开水，
大火烧沸后转小火炖 2 小时。

3 加入白萝卜块炖熟，放芥蓝段再煮 5
分钟，放入盐拌匀，撒上葱花即可。

重要营养素
(铁) (维生素 C) (蛋白质)
预防贫血

牛肉片豆芽汤

材料 ※ 牛肉 125 克，黄豆芽 80 克，
芋头 60 克，胡萝卜、番茄各
50 克。

调料 ※ 葱末、姜丝、胡椒粉各少许，
盐适量。

做法 ※

1 所有食材洗净；牛肉切薄片；胡萝
卜切丝；番茄切块；芋头切块。

2 锅内倒油烧热，爆香葱末和姜丝，
放番茄块、牛肉片炒香，放黄豆芽、
胡萝卜丝，继续翻炒，加入适量清
水，放入芋头块。

3 水烧开煮 15 分钟，撒上胡椒粉和盐
即可。

重要营养素
(铁) (维生素 C) (蛋白质)
预防贫血

重要营养素

(蛋白质) (钙) (锌)

促进骨骼发育，促进食欲

一品鲜虾汤

材料 ※ 鲜虾 200 克，熟猪肚、鱿鱼各
100 克，蟹棒 50 克，油菜 20 克。

调料 ※ 盐 2 克，白糖 5 克，葱油少许，
鱼高汤 500 克。

做法 ※

1 鲜虾去虾线后洗净，焯水；油菜洗
净，焯水过凉；熟猪肚切条；鱿鱼洗
净，剞花刀后切成长条；蟹棒切段。

2 锅内倒鱼高汤和适量清水烧开，放
鲜虾、猪肚条、鱿鱼条、蟹棒段，
大火煮 3 分钟，撇去浮沫，放油菜
煮熟，加盐、白糖调味，淋入葱油
即可。

重要营养素

(蛋白质) (锌) (膳食纤维)

促进胎儿大脑发育，改善
便秘

百合干贝香菇汤

材料 ※ 百合 10 克，干贝 20 克，鲜香
菇 100 克。

调料 ※ 盐 1 克。

做法 ※

1 干贝、百合洗净，浸泡 30 分钟，干
贝去黑线；香菇洗净，切块，焯水。

2 锅内倒油烧热，爆香葱花，倒入香
菇块翻炒。

3 将泡好的干贝和干贝汤一同倒入锅
中，加入百合煮沸，撒上适量盐即可。

※ 李宁大夫的营养叮咛

这道汤含有丰富的蛋白质、锌等，可以益智
健脑、促进生长发育。

牡蛎豆腐汤

材料 ※ 净牡蛎肉150克，豆腐300克。

调料 ※ 胡椒粉、葱花各适量，盐2克。

做法 ※

1 牡蛎肉沥干水分；豆腐洗净，切块待用。

2 锅中水烧开，放入牡蛎肉焯烫一下，捞起备用。

3 另烧开一锅水，倒入豆腐块、盐、胡椒粉，加入牡蛎肉，煮至牡蛎肉熟，撒入葱花即可。

※ 李宁大夫的营养叮咛 ─────

牡蛎富含锌，豆腐富含钙质，搭配做汤，能帮助孕妈妈补钙又补锌。

重要营养素

（锌）（钙）（蛋白质）

促进骨骼发育

扇贝南瓜汤

材料 ※ 扇贝4只，南瓜300克，松子仁20克，洋葱80克。

调料 ※ 橄榄油10克，黄油20克，黑胡椒、盐各适量。

做法 ※

1 扇贝加盐浸泡2小时，洗净去壳，清理掉脏污，取贝肉；南瓜洗净，去皮及子，切丁；洋葱洗净，切丁。

2 锅内放橄榄油烧热，加入南瓜丁、洋葱丁翻炒2分钟，倒入适量水，煮至南瓜变软，加入盐、黑胡椒调味。将煮好的食材放入料理机中打成泥，放入碗中。

3 平底锅中放入黄油，炒香松子仁至变成金黄色。

4 锅底留油，将贝肉放入锅内煎熟，放入打好的泥中，撒上松子仁即可。

重要营养素

（钙）（锌）（胡萝卜素）

促进骨骼发育，改善便秘

重要营养素

（碘）（钾）（牛磺酸）

促进胎儿大脑发育，预防孕
期水肿

海带绿豆汤

材料 ※ 绿豆 60 克，水发海带 50 克。

调料 ※ 冰糖 5 克。

做法 ※

1 水发海带洗净，切细丝，入沸水中
稍焯，捞出沥水；绿豆淘洗干净，
浸泡 3 小时。

2 锅内加适量清水，大火烧开后放入
绿豆，再次煮沸后，下入海带丝，
大火煮约 20 分钟，加冰糖转小火继
续煮至绿豆软糯即可。

※ 李宁大夫的营养叮咛

这道汤含有碘、钾及牛磺酸等，能促进胎儿
脑部发育，预防智力缺陷。此外，还有不错
的利尿、消水肿的作用。

重要营养素

（钾）（膳食纤维）

预防水肿和便秘

百合芦笋汤

材料 ※ 鲜百合 50 克，芦笋 100 克。

调料 ※ 盐 2 克，香油适量。

做法 ※

1 百合洗净，掰成瓣；芦笋洗净，切段。

2 锅中倒入适量清水烧开，放入百合
煮至七成熟，再加入芦笋段煮熟，
放入盐和香油调味即可。

※ 李宁大夫的营养叮咛

鲜百合富含钾，能润燥清热、养心安神；芦
笋富含叶绿素、膳食纤维，有调脂降压的
作用。

主食

豆渣馒头

材料 × 黑豆渣 50 克，面粉 120 克，玉米面 25 克，酵母 3 克。

做法 ×

1 将黑豆渣、面粉、玉米面和酵母加温水和成面团，覆上保鲜膜置于温暖处，发酵至呈蜂窝状为止。

2 取出面团，揉搓成圆柱状，用刀切成小块，揉成圆形或方形馒头坯。

3 蒸锅水开后将馒头坯放在屉布上，中火蒸 25 分钟即可。

重要营养素

(蛋白质) (钙)

控血糖，防便秘

荞麦双味菜卷

材料 × 荞麦粉 500 克，鸡蛋 2 个，土豆、酸菜、柿子椒各 100 克。

调料 × 盐适量。

做法 ×

1 土豆洗净，去皮，切丝；柿子椒洗净，去蒂及子，切丝，酸菜切丝；鸡蛋打散成蛋液。

2 锅内倒油烧热，炒香土豆丝和柿子椒丝，盛出；再炒熟酸菜丝，盛出。

3 荞麦粉中加水、鸡蛋液、盐搅拌成均匀的面糊。

4 平底锅底部刷油，舀入面糊摊成薄饼，切正方形，一半卷入熟土豆柿子椒丝，一半卷入熟酸菜丝，装盘即可。

重要营养素

(钾) (膳食纤维)

开胃促食，预防便秘

重要营养素

(B 族维生素)(蛋白质)

预防口角炎、唇炎

小米面发糕

材料 小米面 100 克，黄豆面 50 克，
酵母适量。

做法

1 将小米面、黄豆面和适量酵母用温
水和成较软的面团，醒发 20 分钟。

2 将面团整形放在蒸屉上，用大火将
水烧开，转小火蒸 30 分钟至熟，取
出凉凉，切块即可。

李宁大夫的营养叮咛

小米面发糕含有丰富的 B 族维生素，能帮助
孕妈妈预防口角炎、唇炎等。此外，小米清
热健脾、滋阴养血、利尿，对经常失眠的孕
妈妈也有不错的促眠作用。

重要营养素

(碘)(蛋白质)

促进胎儿大脑发育，
预防流产

香煎紫菜饼

材料 面粉 100 克，鸡蛋 2 个，紫菜
适量。

调料 盐少许，葱花适量。

做法

1 紫菜撕碎；面粉放碗中，磕入鸡蛋，
放入盐、紫菜碎和葱花，加少许清
水调成糊。

2 锅中放少许油，倒入面糊，慢慢晃
动锅体使面糊成一个圆饼状，两面
煎至金黄即可。

李宁大夫的营养叮咛

紫菜富含碘，搭配面粉、鸡蛋做成饼，营养
更全面，能帮助孕妈妈避免碘缺乏。

西蓝花鸡蛋饼

材料 ⋇ 鸡蛋 2 个，西蓝花 100 克，面粉 50 克，
酵母少许。

调料 ⋇ 盐、胡椒粉各适量。

做法 ⋇

1 西蓝花洗净，焯水，切碎；鸡蛋打散，酵母
用温水化开。

2 面粉中倒入鸡蛋液，加入西蓝花碎、酵母水，
顺时针搅拌均匀，加入少量盐和胡椒粉拌匀。

3 平底锅加热刷油，倒入面糊铺平，大概 2 分
钟凝固后翻面，待饼膨起即可。

重要营养素
(维生素 K) (维生素 C)
促进钙吸收

重要营养素

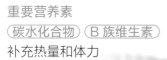

(不饱和脂肪酸)

促进胎儿大脑发育

牛油果三明治

材料 ※ 牛油果 100 克，鸡蛋 1 个，切片面包 70 克（2 片）。

做法 ※

1 牛油果去皮，挖出果肉，切小块；鸡蛋洗净，煮熟，剥壳，切小块。

2 将切好的牛油果和鸡蛋块一起放入料理机中打成泥，做成沙拉酱。

3 沿对角线将两片面包切成四个三角形，抹上沙拉酱，两两相对即可。

※ 李宁大夫的营养叮咛

牛油果富含不饱和脂肪酸、蛋白质、多种维生素、钙等，有益于胎儿眼睛和大脑发育。

重要营养素

(碳水化合物) (B 族维生素)

补充热量和体力

番茄肉酱意面

材料 ※ 番茄 100 克，牛肉 40 克，洋葱 20 克，意大利面 150 克。

调料 ※ 盐少许，水淀粉适量。

做法 ※

1 意大利面用清水浸泡 30 分钟，捞出后放入沸水中煮熟。

2 牛肉洗净，切末；番茄洗净，去皮，切小块；洋葱去老皮，洗净，切碎。

3 平底锅中放入适量植物油，烧热后放入洋葱碎煸香，倒入牛肉末和番茄块炒熟，倒入水淀粉翻炒至浓稠，撒入少许盐，拌匀后盛出，拌入煮好的意大利面中即可。

※ 李宁大夫的营养叮咛

这款意面为孕妈妈提供丰富的碳水化合物、优质蛋白质和多种维生素。

高纤糙米饭

材料 ✕ 绿豆、薏米各30克,糙米60克,豌豆、胡萝卜各50克。

做法 ✕

1 绿豆、薏米、糙米洗净,浸泡4小时;豌豆洗净;胡萝卜洗净,切丁。

2 将绿豆、薏米、糙米、豌豆、胡萝卜丁一起放入电饭锅中,加入适量清水,按下"煮饭"键,煮好后稍凉即可食用。

✕ 李宁大夫的营养叮咛 ——

薏米、糙米、绿豆搭配豌豆和胡萝卜做饭,富含膳食纤维、维生素、碳水化合物,能帮助孕妈妈预防便秘,还能增强体力。

重要营养素

(膳食纤维) (碳水化合物)

防便秘,补充体力

芝麻莴笋拌饭

材料 ✕ 莴笋100克,米饭200克,熟白芝麻适量。

调料 ✕ 盐少许。

做法 ✕

1 莴笋洗净,去皮,切小块,焯熟。

2 油锅烧热,放入莴笋块和熟白芝麻炒出香味,加适量清水煮开,收汁。

3 将炒香的芝麻莴笋浇在米饭上,拌匀即可。

✕ 李宁大夫的营养叮咛 ——

莴笋有促进消化、利尿消肿的作用。米饭可以提供碳水化合物,补充体力。

重要营养素

(碳水化合物) (钾)

补充体力,预防水肿

重要营养素

蛋白质 维生素 C

预防贫血，缓解疲劳

五彩肉丁糙米饭

材料 ※ 猪瘦肉 100 克，彩椒、柿子椒各 50 克，莴笋、胡萝卜、糙米各 30 克，黑米 20 克。

调料 ※ 盐、蚝油、生抽、料酒各少许。

做法 ※

1 所有食材洗净；彩椒、柿子椒、胡萝卜、猪瘦肉切丁；莴笋去皮，切丁；黑米和糙米提前泡 2 小时，焖成米饭。

2 瘦肉丁加少许盐、生抽和料酒腌 10 分钟，备用。

3 锅内倒油烧热，下瘦肉丁炒至发白，加入莴笋丁、胡萝卜丁，加蚝油翻炒 1 分钟。

4 待蚝油与锅里的莴笋和肉丁混合均匀，下彩椒丁翻炒均匀，盛出同糙米饭摆盘即可。

李宁大夫的营养叮咛

猪瘦肉能提供优质蛋白质和铁。搭配富含维生素 C 的彩椒，可以促进铁吸收。再搭配富含碳水化合物和 B 族维生素的糙米饭，能为孕妈妈提供所需热量，缓解疲劳感。

西蓝花三文鱼炒饭

材料 ※ 三文鱼 100 克、西蓝花 50 克，米饭 80 克。

调料 ※ 盐 1 克。

做法 ※

1 西蓝花洗净，切小块，入沸水中焯好，捞出控干，切碎；三文鱼洗净备用。

2 锅中倒油烧热，放入三文鱼煎熟，盛出，凉至不烫手时用刀切碎。

3 另起油锅，将西蓝花和三文鱼翻炒片刻，倒入米饭炒散，加盐炒匀即可。

※ **李宁大夫的营养叮咛** ————

这道炒饭含有丰富的 DHA 及优质蛋白质，可促进胎儿大脑和骨骼发育。

重要营养素

(DHA) (蛋白质)

促进胎儿大脑和骨骼发育

重要营养素

(膳食纤维)(碳水化合物)

补充体力，缓解便秘

荷香小米蒸红薯

材料 ※ 小米 80 克，红薯 250 克，荷叶 1 张。

做法 ※

1 红薯去皮，洗净，切条；小米洗净，浸泡 30 分钟；荷叶洗净，铺在蒸屉上。

2 将红薯条在小米中滚一下，裹满小米，排入蒸笼中，蒸笼上汽后蒸 30 分钟即可。

※ **李宁大夫的营养叮咛** ——————

小米和红薯都富含碳水化合物，可以为人体提供热量；红薯中还含有较多的可溶性膳食纤维和钾。二者搭配，能为孕妈妈提供热量，保护心血管健康。

重要营养素

(钾)(膳食纤维)

促进骨骼发育，防便秘

玉米面发糕

材料 ※ 面粉 250 克，玉米面 100 克，无核红枣 30 克，干酵母 4 克。

调料 ※ 白糖 3 克。

做法 ※

1 将玉米面放入容器中，一边倒入开水，一边用筷子搅拌至均匀；干酵母用水化开。

2 在搅好的玉米面中加入面粉，加适量水搅拌成黏稠的面糊，再放入酵母水和白糖拌匀；盖上保鲜膜，放在温暖处醒发至 2 倍大。

3 醒发后的面糊倒入刷好油的模具上，摆好红枣，放在蒸锅上大火烧开，转中火蒸 25 分钟即可。

4 将蒸熟的发糕出锅，稍微冷却，用刀切块即可。

板栗莲子山药粥

材料 ※ 大米 50 克，板栗肉 20 克，莲
子 10 克，山药 40 克。

做法 ※

1 莲子洗净，浸泡 4 小时；板栗肉一
 分为二；山药洗净，去皮，切小块；
 大米淘洗干净。

2 将大米、莲子、板栗肉、山药块一
 同放入电饭锅中，加适量水，按下
 "煮粥"键，煮熟即可食用。

※ 李宁大夫的营养叮咛

板栗和山药都有健脾养胃功效，加入莲子，
能清胃火、消除积食，脾胃虚弱的孕妈妈
可以经常食用。

重要营养素

(碳水化合物) (B 族维生素)

缓解疲劳，促进食欲

奶香麦片粥

材料 ※ 牛奶 250 克，原味燕麦片 50 克。

调料 ※ 白糖 5 克。

做法 ※

1 燕麦片放清水中浸泡 10 分钟。

2 锅置火上，放入适量清水大火烧开，
 加燕麦片煮熟，关火，再加入牛奶
 拌匀，调入白糖即可。

※ 李宁大夫的营养叮咛

牛奶富含钙，燕麦片富含膳食纤维，二者
搭配做粥，能帮助孕妈妈补钙、预防便秘、
稳定血糖。

重要营养素

(钙) (膳食纤维)

促进骨骼发育，防便秘

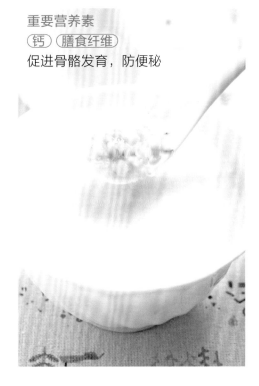

南瓜小米粥

材料 ⋙ 小米 70 克，南瓜 150 克，干银耳 5 克。

做法 ⋙

1 南瓜洗净，去皮、去瓤，切小块；银耳提前
   泡发，洗净，撕成小碎片。

2 小米淘洗干净。

3 将小米、南瓜块、银耳一起倒入锅内，加水
   后大火烧开，转小火煮 20～30 分钟即可。

⋙ **李宁大夫的营养叮咛**

南瓜含有丰富的钾和膳食纤维，钾
能促进钠从尿液中排出，有助于降
压，膳食纤维可促进肠道蠕动，小
米也有很好的利尿降压作用。

重要营养素

（钾）（膳食纤维）

利尿降压，保护血管

田园蔬菜粥

材料 ✕ 大米 100 克，西蓝花、胡萝卜、鲜香菇各 40 克。

调料 ✕ 香菜段 3 克，盐 1 克。

做法 ✕

1 西蓝花洗净，切小朵；胡萝卜洗净，去皮，切丁；香菇去蒂，洗净，切片；大米淘洗干净。

2 锅置火上，倒入适量清水大火烧开，加大米煮沸，转小火煮 20 分钟，下入胡萝卜丁、香菇片煮至熟烂，倒入西蓝花煮 3 分钟，加入盐拌匀，出锅前撒香菜段即可。

✕ 李宁大夫的营养叮咛

这款粥可为孕妈妈提供丰富的维生素 C、胡萝卜素以及钙、锌、膳食纤维等营养，开胃、清淡、易消化。

重要营养素

（胡萝卜素）（维生素 C）

明目，抗氧化

燕麦猪肝粥

材料 ※ 燕麦 100 克，猪肝 80 克。

做法 ※

1 燕麦去杂质、洗净，放入锅内，加适量水煮熟至开花，捞出。

2 猪肝去筋膜后切片，用清水浸泡 30~60 分钟，中途勤换水，用清水反复清洗，放入蒸锅，水开后大火蒸 20 分钟左右。

3 把蒸好的猪肝片放入碗中研碎，和煮开花的燕麦一起放入小奶锅中，加适量水，中火熬煮成粥即可。

※ **李宁大夫的营养叮咛**

猪肝中富含维生素 A 和铁，能够有效预防孕妈妈缺铁性贫血，燕麦含有丰富的维生素 B_2、维生素 E 以及磷、铁、钙等营养，对胎儿生长发育有促进作用。另外，燕麦还富含膳食纤维，有助于孕妈妈预防便秘。

重要营养素

（铁）（膳食纤维）

预防贫血和便秘

第四章

孕晚期（孕8~10月）

控体重、
助分娩家常菜

孕妈妈和胎儿的生理变化

	胎儿	孕妈妈
孕 8 月	✕ 五官：眼睛能辨认和跟踪光源 ✕ 皮肤：皮肤由暗红变成浅红色，皮肤触觉发育已完善 ✕ 消化系统：已能分泌消化液 ✕ 四肢：身体和四肢还在继续长大	✕ 肚子越来越大，时而会感到气短，肚脐可能被撑胀向外凸出 ✕ 可能会出现妊娠水肿、阴道分泌物增多、尿频 ✕ 可能会出现失眠、多梦等情况
孕 9 月	✕ 五官：听力已充分发育，可以做出喜欢或厌烦的表情 ✕ 四肢：皮下脂肪较为丰富，指甲长到指尖部位 ✕ 性器官：已发育齐全 ✕ 呼吸及消化：第 33 周，胎儿的呼吸系统、消化系统已近成熟	✕ 由于胎头下降压迫膀胱，孕妈妈会感到尿意频繁 ✕ 骨盆和耻骨联合处有酸痛不适感，腰痛加重 ✕ 这个月末，孕妈妈体重的增长达到高峰
孕 10 月	✕ 感官与神经：能敏锐地感知母亲的思考 ✕ 四肢：手脚的肌肉发达，骨骼已变硬 ✕ 器官：身体各器官几乎发育完成，其中肺是最后一个成熟的器官，在宝宝出生后几小时内它才能建立起正常的呼吸模式	✕ 会感到下腹坠胀，呼吸困难和胃部不适的症状逐渐缓解。随着体重的增加，行动越来越不方便 ✕ 可能会有紧张情绪，这是正常现象

1 整体来说，孕晚期不需要大补，否则极容易导致孕妈妈体重增长超标，引起妊娠期糖尿病等。

2 孕晚期要比孕中期增加热量摄入，每日比孕前增加 450 千卡（相当于 50 克大米 +200 克牛奶 +100 克草鱼 +150 克绿叶菜），但在孕 39~40 周的时候要注意限制脂肪和碳水化合物的摄入，以免胎儿长得过大。

饮食要点

3 孕晚期要增加蛋白质（特别是优质蛋白质）的摄入，每日总量要达到 85 克才能满足需要。

4 全面而均衡地摄入矿物质和维生素，尤其是钙、铁、锌、铜、维生素 B_1 的摄入要充足。

辟谣
孕期食燕窝、海参，功效多多

对于燕窝和海参，不要过分放大它们的功效。比如燕窝中的蛋白质和维生素含量并不比大多数水果高；海参虽然蛋白质比较高、脂肪含量相对低，但是也没有多么神奇的功效。海参含有较多的胶原蛋白，这并不是一种优质蛋白，其质量与一般的植物蛋白相似。此外，一种食物营养再好，如果摄入的量很少，也不能起到相应保健作用。日常饮食，均衡和足量才是获得良好营养的必要途径。

蛋白质

母胎健康均需
要足量蛋白质

孕晚期

85 克 / 日

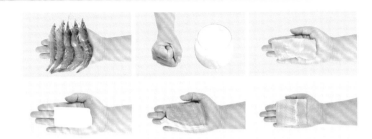

85 克蛋白质 ≈ 100 克虾 +100 克豆腐 +300 克牛奶 +100 克猪肉 +80 克鸡肉 + 80 克鱼肉

铁

储备足够的铁
为生产做准备

孕晚期

29 毫克 / 日

29 毫克铁 ≈ 80 克鸭血 +100 克牛肉 +10 克猪肝

碘

促进胎儿甲状腺
发育

孕晚期

230 微克 / 日

230 微克碘 ≈ 3.5 克紫菜（干）

钙

预防骨骼钙化
及出生时的钙
储备

孕晚期

1000 毫克 / 日

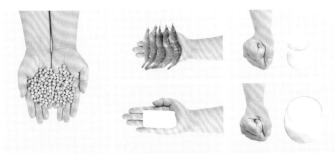

1000 毫克钙 ≈ 50 克黄豆 +100 克虾 +100 克酸奶 +100 克豆腐 +300 克牛奶

铜

预防胎膜早破

孕晚期

0.9 毫克 / 日

0.9 毫克铜 ~ 11 克牡蛎 ≈ 40 克虾仁

钾

稳定血压

孕晚期

2000 毫克 / 日

2000 毫克钾 ≈ 200 克山药 +50 克山楂

锌

避免难产，促进
胎儿大脑发育

孕晚期

9.5 毫克 / 日

× 5

9.5 毫克锌 ≈ 80 克扇贝 ≈ 500 克牛奶 +150 克牛肉

维生素 B$_2$

缓解疲劳和炎症

孕晚期

1.5 毫克 / 日

1.5 毫克维生素 B$_2$ ≈ 300 克牛奶 +50 克猪肝 +1 个鸡蛋

凉菜

重要营养素

(叶酸) (不饱和脂肪酸)

促进胎儿大脑发育

重要营养素

(钾) (膳食纤维)

预防孕期水肿

核桃仁拌菠菜

材料 菠菜150克，核桃仁30克。

调料 盐、香油、醋各3克。

做法

1 菠菜洗净，放入沸水中焯一下，捞出沥干，切段。

2 锅置火上，用小火煸炒核桃仁，取出压碎。

3 将菠菜段和核桃碎放入盘中，加入盐、香油、醋拌匀即可。

拌心里美萝卜皮

材料 心里美萝卜500克。

调料 醋、盐各3克，香油、花椒各2克。

做法

1 心里美萝卜洗净，去两头，削下萝卜皮，切成片，撒上盐、花椒，腌渍1小时。

2 倒掉腌萝卜皮时出来的水，淋上香油、醋拌匀即可。

玉米黄瓜沙拉

材料 ※ 玉米、黄瓜各 150 克，圣女果 120 克，胡萝卜 60 克，柠檬半个，酸奶 100 克。

做法

1 将整根玉米放入锅中煮熟，捞出，凉凉，搓下玉米粒；胡萝卜、黄瓜洗净，切丁；柠檬、圣女果洗净，切片。

2 将胡萝卜丁、黄瓜丁、圣女果片、柠檬片、玉米粒装入盘中，加入酸奶拌匀即可食用。

※ 李宁大夫的营养叮咛

玉米中含有维生素 B_1，孕晚期补充足够的维生素 B_1，能减少分娩痛；黄瓜热量低，有助于控制餐后血糖；圣女果富含维生素 C 和番茄红素等，有利于提高孕妈妈的免疫力；胡萝卜富含胡萝卜素，有助于促进胎儿视力发育。

重要营养素

维生素 B_1　膳食纤维

控体重，减少分娩痛

樱桃苦菊沙拉

材料 ⋮ 樱桃200克,苦菊100克,彩椒150克,酸奶适量。

做法 ⋮

1 樱桃洗净,去核;苦菊洗净,切段;彩椒洗净,切块。

2 将准备好的食材放入盘中,淋上酸奶,拌匀即可。

李宁大夫的营养叮咛 ────

樱桃富含维生素C等,可以滋润皮肤,还有助改善妊娠期贫血;苦菊含有膳食纤维、苦味素,具有清热去火的作用;彩椒富含胡萝卜素、维生素C,有抗氧化作用。

重要营养素

(维生素C) (膳食纤维)

预防贫血,润肤

平菇豆苗沙拉

材料 ∷ 豌豆苗250克，平菇、木瓜各100克。

调料 ∷ 盐3克，橄榄油2克。

做法 ∷

1 平菇洗净，撕小条，入沸水中煮熟，捞出沥干；豌豆苗洗净，入沸水中焯熟，捞出沥干；木瓜洗净，去皮及子，切小块。

2 将平菇和豌豆苗放入盘中，加上木瓜块，加入盐和橄榄油拌匀即可。

∷ 李宁大夫的营养叮咛

这道菜富含B族维生素、膳食纤维等，且低钠，能促进胎儿大脑发育，还能帮助孕妈妈控血压、预防便秘等。

重要营养素

(膳食纤维) (B族维生素)

控血压，预防便秘

重要营养素

(蛋白质) (胡萝卜素)

促进胎儿视力、骨骼发育

重要营养素

(蛋白质) (碳水化合物)

开胃促食，补充热量

麻酱鸡丝

材料 鸡腿肉300克，胡萝卜、黄瓜各30克。

调料 芝麻酱20克，醋10克，生抽、香油、蒜末各5克，白糖、盐各3克。

做法

1 鸡腿肉洗净；胡萝卜洗净，切丝，焯熟，捞出；黄瓜洗净，切丝；芝麻酱用少许凉白开调匀。

2 将鸡腿肉煮20分钟后捞出，撕丝。

3 鸡丝、黄瓜丝、胡萝卜丝放盘内，加醋、生抽、香油、蒜末、白糖、盐、芝麻酱拌匀即可。

鸡丝粉皮

材料 粉皮、熟鸡胸肉、黄瓜各150克。

调料 盐、白糖、酱油、芝麻酱、香油各适量。

做法

1 熟鸡胸肉切丝，加入碗中，加盐和白糖拌匀；黄瓜洗净，切细丝，放入碗中，加酱油、香油拌匀，腌约10分钟；粉皮用热水烫软，沥干，切长条。

2 将腌好的黄瓜丝连汁装入盘中，放上切好的粉皮、鸡丝；芝麻酱放小碗中，加凉白开稀释，淋在鸡丝、粉皮上，吃时拌匀即可。

※ 李宁大夫的营养叮咛

鸡肉富含蛋白质，黄瓜富含维生素，粉皮富含碳水化合物，三者搭配食用，营养均衡，口感爽滑。

海带芦笋拌牛肉

材料 ⊗ 牛肉200克，芦笋尖160克，
胡萝卜、水发海带各100克，
熟白芝麻适量。

调料 ⊗ 芝麻酱10克，葱末、姜末、蒜末、
醋各6克，香油、盐各3克，
白糖1克。

做法 ⊗

1 牛肉洗净，切片；芦笋尖洗净，切
段；胡萝卜洗净，切丝；水发海带
洗净，切丝。

2 取小碗，放入芝麻酱，加凉白开调
稀，加入所有调料制成味汁；将芦
笋尖、海带丝分别放入沸水中焯至
断生，捞出过凉，沥干备用；将牛
肉片放入沸水中焯熟，捞出凉凉。

3 取盘，放入所有食材，淋上味汁即可。

重要营养素
(铁) (膳食纤维) (蛋白质)
预防贫血，控体重

凉拌双耳

材料 ⊗ 水发木耳、水发银耳各100克，
红甜椒20克，柠檬半个。

调料 ⊗ 盐、白糖各2克，葱末、香油
各适量。

做法 ⊗

1 木耳洗净，焯烫1分钟，捞出，过
凉；银耳洗净，撕成小朵，煮熟，
过凉；红甜椒洗净，切段。

2 柠檬洗净，挤出汁。

3 葱末、香油、白糖、盐、柠檬汁调
成味汁。

4 木耳、银耳放盘中，加红甜椒段，
倒入味汁拌匀即可。

重要营养素
(钾) (膳食纤维)
控血糖，预防水肿

玉米金枪鱼沙拉

材料 ※ 甜玉米粒 250 克，原味油浸金枪鱼 150 克，洋葱、胡萝卜各 40 克，黄瓜 60 克。

调料 ※ 盐 2 克，柠檬汁 5 克。

做法 ※

1 甜玉米粒煮熟，沥干水分；金枪鱼去掉多余的油；洋葱、胡萝卜、黄瓜均洗净，切小丁。

2 热锅中加油，倒入胡萝卜丁煸炒。

3 将煸炒好的胡萝卜丁和金枪鱼、洋葱丁、黄瓜丁放入装有甜玉米的大碗中，加入柠檬汁、盐拌匀即可。

※ **李宁大夫的营养叮咛** ————

金枪鱼属于低脂、高蛋白质鱼类，富含 DHA、钙等，能促进胎儿大脑发育，还有助于强健骨骼。胡萝卜和黄瓜含有丰富的维生素 C，可以提高铁的吸收率，预防缺铁性贫血。

重要营养素

(DHA) (维生素 C) (钙)

促进胎儿大脑发育，预防贫血

热菜

醋熘白菜

材料 ✕ 白菜帮 400 克。

调料 ✕ 葱丝、姜丝、蒜末各 5 克，醋 15 克，盐 2 克。

做法 ✕

1 白菜帮洗净，切粗条。

2 锅内倒油烧热，爆香葱丝、姜丝、蒜末，倒入白菜条翻炒至白菜变软。

3 放盐和醋翻炒均匀即可。

重要营养素

(维生素 C) (膳食纤维)

开胃促食，预防便秘

板栗烧白菜

材料 ✕ 大白菜 300 克，板栗 100 克。

调料 ✕ 盐 3 克，水淀粉适量。

做法 ✕

1 大白菜洗净，切段；板栗煮熟，剥壳取肉。

2 另取锅倒油烧热，下入大白菜段煸炒，放盐、板栗肉和清水，烧开，焖 5 分钟，出锅前用水淀粉勾芡即可。

重要营养素

(维生素 C) (膳食纤维)

平衡免疫，健脾和胃

✕ **李宁大夫的营养叮咛**

这道菜含有维生素 C、膳食纤维，对调节免疫力、预防便秘有帮助。此外，也有一定的健脾和胃功效。

菠菜炒豆干

材料 ╳ 菠菜 200 克，豆腐干 100 克。

调料 ╳ 盐、香油各 2 克。

做法 ╳

1 菠菜择洗干净，入沸水焯烫，捞出冲凉，沥干水分，切段；豆腐干切条。

2 锅内倒油烧热，放入豆腐干条炒香，再放入菠菜段略炒，加入盐、香油拌匀即可。

╳ 李宁大夫的营养叮咛

这道菜含钙、维生素 C、膳食纤维、叶酸等营养素，能帮助稳定血糖、预防便秘、强壮骨骼。

重要营养素
(膳食纤维)(维生素 D)
预防便秘，增强抵抗力

炒三菇

材料 ╳ 猴头菇、杏鲍菇、鲜香菇各 100 克。

调料 ╳ 蚝油 5 克，白糖 2 克。

做法 ╳

1 猴头菇、杏鲍菇、香菇洗净，猴头菇切小块，香菇切块，杏鲍菇切菱形片。

2 锅内倒水烧开，将三种蘑菇放入锅内焯水，捞出控干水分。

3 锅内倒油烧热，加入白糖，待微微变成焦糖色时，放入三种蘑菇翻炒，加入蚝油，翻炒 2 分钟即可。

╳ 李宁大夫的营养叮咛

菌菇类含维生素 D、多糖、膳食纤维等营养物质，可以增强机体的抵抗力。

洋葱炒鸡蛋

材料 ✕ 洋葱 200 克，鸡蛋 2 个。

调料 ✕ 盐 2 克，白糖 5 克。

做法 ✕

1 洋葱去老皮，洗净，切丝；鸡蛋打散。

2 锅内倒油烧热，倒入鸡蛋液炒成块，盛出。

3 锅底留油，烧热，放入洋葱丝炒熟，倒入鸡蛋翻匀，调入盐、白糖即可。

重要营养素

(蛋白质) (钾)

提高免疫力，促进食欲

✕ 李宁大夫的营养叮咛

洋葱含前列腺素 A，能通畅血管；鸡蛋富含蛋白质。二者搭配食用，可促进食欲、补虚强体。

彩椒炒洋葱

材料 ✕ 彩椒 300 克，洋葱 80 克。

调料 ✕ 蒜蓉 20 克，橄榄油 10 克，盐、胡椒粉各适量，白糖 3 克。

做法 ✕

1 洋葱去皮洗净，切条；彩椒洗净，去蒂及子，切大块。

2 锅中倒橄榄油，放入洋葱条和蒜蓉，煸炒出香味后加入彩椒快，快速翻炒 4 分钟左右。

3 加入盐、白糖、胡椒粉调味即可。

重要营养素

(维生素 C) (钾)

开胃，控血压

✕ 李宁大夫的营养叮咛

彩椒和洋葱均富含维生素 C、钾等多种营养物质，能帮助提高抗病力，稳定血压，开胃促食。

蚝油生菜

材料 ※ 生菜 300 克。

调料 ※ 蚝油 5 克，葱末、姜末、蒜末、生抽各 3 克。

做法

1 生菜洗净，撕成大片，焯熟，捞出控干，盛盘。

2 锅内倒油烧热，爆香葱末、蒜末、姜末，放生抽、蚝油和水烧开，浇在生菜上即可。

※ 李宁大夫的营养叮咛 ———

生菜富含膳食纤维、叶酸、维生素C，常吃可以预防孕晚期便秘和早产，还有消炎清热的功效。

重要营养素

(膳食纤维) (叶酸)

预防便秘和早产

奶酪烤鲜笋

材料 竹笋 150 克。

调料 黑胡椒粉 5 克、卡夫奶酪粉 10 克。

做法 ⁝

1 竹笋洗净，剖开，放入沸水中焯 2 分钟，捞出沥干水分，加入黑胡椒粉，拌匀。

2 将竹笋放在盘子里，撒上奶酪粉，覆上保鲜膜封好，戳几个透气孔。

3 将竹笋放进微波炉里，用高火加热 4 分钟即可。

—— 李宁大夫的营养叮咛 ——

这道菜含有钾、膳食纤维、钙等，能帮助孕妈妈稳定血糖、润肠通便、补钙壮骨。

重要营养素

（钙）（钾）（膳食纤维）

控血压，促便

125

重要营养素

（钾）

预防妊娠期高血压

西芹百合

材料 ⁝ 西芹 200 克，鲜百合 50 克。

调料 ⁝ 蒜末 5 克，盐 2 克，香油少许。

做法 ⁝

1 西芹择洗干净，切小段；鲜百合掰片，洗净；将西芹和百合分别焯烫一下，捞出。

2 锅内倒油烧热，下蒜末爆香，倒入西芹段和百合炒熟，加盐调味，淋上香油即可。

⁝ 李宁大夫的营养叮咛 ⁝

西芹富含钾、膳食纤维，有助于控血压，搭配有清心安神功效的百合，可以预防妊娠期高血压。

重要营养素

（胡萝卜素）（DHA）

保护视力，促进胎儿
大脑发育

蔬菜蒸蛋

材料 ⁝ 鸡蛋2个，菠菜80克，胡萝卜30克。

调料 ⁝ 高汤适量。

做法 ⁝

1 鸡蛋打散；胡萝卜洗净，切碎；菠菜择洗干净，焯烫后切碎。

2 将蛋液与胡萝卜碎、菠菜碎、高汤混合调匀，入蒸笼蒸 8 分钟即可。

⁝ 李宁大夫的营养叮咛 ⁝

鸡蛋含有 DHA，菠菜含有叶酸、铁，胡萝卜含有胡萝卜素，三者搭配蒸食，可促进胎儿大脑发育。

茄丁干果烩时蔬

材料 × 茄子 500 克，西葫芦 80 克，洋葱、芹菜各 50 克，开心果 15 克，葡萄干 10 克。

调料 × 橄榄油 10 克，醋少许，罗勒叶 2 克，白糖、盐各 3 克，番茄酱、胡椒粉各适量。

做法 ×

1 将茄子、西葫芦、芹菜、洋葱洗净后切丁。

2 锅内涂一层薄薄的橄榄油，放入茄丁轻轻翻炒后盛出。

3 锅洗净后再涂一层橄榄油，加入洋葱丁、西葫芦丁、芹菜丁快速翻炒，待炒出洋葱香味后加入之前炒过的茄丁，继续翻炒 5 分钟。

4 加入番茄酱、盐和胡椒粉调味，煮 3 分钟。

5 加入白糖和醋，再放入葡萄干、开心果，用罗勒叶装饰即可。

× **李宁大夫的营养叮咛** ──────

这道菜食材多样，营养丰富，富含维生素 E、膳食纤维等，具有抗氧化和调节肠道的作用。

重要营养素

(维生素 E) (膳食纤维)

抗氧化，防便秘

家常茄子

材料 ✕ 茄子 350 克，韭菜 50 克。

调料 ✕ 酱油、白糖、蒜末各 5 克，水淀粉 15 克，盐 2 克。

做法

1 茄子去皮，洗净，切小块；韭菜择洗干净，切段。

2 锅内倒油烧热，放入茄子块翻炒，大约 10 分钟后，放入盐、酱油、白糖调味，放韭菜段翻炒至熟，用水淀粉勾芡，出锅前放入蒜末即可。

重要营养素

（钾）（膳食纤维）

预防水肿和便秘

✕ 李宁大夫的营养叮咛 ——

这道菜含有钾、膳食纤维等，能帮助孕妈妈减轻水肿、调理便秘。

番茄炒玉米

材料 ※ 番茄、玉米粒各 200 克。

调料 ※ 葱花、盐各 3 克，白糖 5 克。

做法 ※

1 玉米粒洗净，沥干；番茄洗净，去皮，切丁。

2 锅置火上，倒油烧热，放入番茄丁、玉米粒炒熟，加入盐、白糖调味，撒葱花即可。

重要营养素

(维生素 C) (番茄红素)

抗氧化，预防妊娠纹

※ 李宁大夫的营养叮咛

这道菜含有维生素 C、番茄红素，能增加皮肤弹性，帮助预防妊娠纹。

番茄炒菜花

材料 ※ 菜花 300 克，番茄 100 克。

调料 ※ 葱花 3 克，番茄酱 5 克。

做法 ※

1 菜花去柄，洗净后切小朵；番茄洗净，去蒂，切块。

2 锅置火上，倒入清水烧沸，将菜花焯一下，捞出。

3 锅内倒油烧至六成热，下葱花爆香，倒入番茄块煸炒，加入番茄酱、菜花，翻炒至熟即可。

重要营养素

(膳食纤维) (番茄红素)

抗氧化，防便秘

※ 李宁大夫的营养叮咛

番茄富含番茄红素，有抗氧化作用；菜花富含维生素 C、膳食纤维。二者搭配有利于孕妈妈消食、预防便秘。

重要营养素

(蛋白质) (维生素 C)

护肤，调节免疫力

翡翠丝瓜卷

材料 ※ 丝瓜 300 克，黑鱼 250 克，鸡蛋清 2 个。

调料 ※ 淀粉 50 克，姜末、葱末各 3 克，盐 2 克。

做法 ※

1. 丝瓜去皮，洗净，切大薄片；黑鱼处理干净，取净鱼肉剁成蓉，加入姜末、葱末、盐调匀。

2. 丝瓜片入沸水焯至半生后过凉，捞出后抹上鸡蛋清、淀粉，放鱼蓉，卷成卷。

3. 将丝瓜卷放入蒸锅，蒸 10 分钟至熟，翻扣于盘内即可。

※ 李宁大夫的营养叮咛 ————

黑鱼为孕妈妈补充蛋白质，丝瓜含有维生素 C、膳食纤维、钾等营养成分。二者搭配能帮助孕妈妈保持良好的体质和抵抗力。

重要营养素

(钾) (膳食纤维)

预防便秘，促进食欲

醋熘土豆丝

材料 ※ 土豆 300 克。

调料 ※ 葱丝、蒜末、盐各 3 克，醋 10 克。

做法 ※

1. 土豆洗净，去皮，切丝，浸泡 5 分钟。

2. 锅内倒油烧热，爆香葱丝、蒜末，倒土豆丝翻炒，烹醋，加盐继续翻炒至熟即可。

※ 李宁大夫的营养叮咛 ————

土豆富含膳食纤维、钾，可以促进胃肠蠕动，帮助排便。醋熘的烹饪方式有助于促进食欲。

蒸香菇盒

材料 ✕ 鲜香菇250克，熟火腿末25克，猪瘦肉150克，鸡蛋1个。

调料 ✕ 酱油5克，水淀粉15克，葱花3克，盐2克，白糖、淀粉各适量。

做法 ✕

1 鸡蛋打散成蛋液；猪瘦肉洗净，剁泥，加熟火腿末、葱花、酱油、盐、白糖、淀粉、鸡蛋液，拌成肉馅。

2 香菇洗净，去蒂，洗净，菇面向下，每个菇伞内放馅，用另一个香菇盖起来，即成香菇盒。将香菇盒摆在盘内，放蒸锅中蒸20分钟。

3 锅内倒油烧热，加清水、酱油、水淀粉炒匀，浇在香菇盒上即可。

重要营养素

(蛋白质) (铁)

调节免疫力

鸡腿菇扒竹笋

材料 ✕ 鸡腿菇200克，竹笋100克。

调料 ✕ 盐2克，水淀粉、高汤各适量，香油少许。

做法 ✕

1 鸡腿菇、竹笋分别洗净、切片，笋片入沸水中焯烫。

2 锅内倒入高汤，放入竹笋片和鸡腿菇片大火烧沸，转小火焖煮20分钟，加盐，用水淀粉勾芡，淋香油调味即可。

重要营养素

(膳食纤维) (维生素D)

促进钙吸收，预防便秘

重要营养素

(蛋白质) (钾) (卵磷脂)

促进胎儿大脑和骨骼发育

黄花木耳炒鸡蛋

材料 ※ 鸡蛋 2 个，干黄花菜 20 克，干木耳 10 克。

调料 ※ 盐、葱花、水淀粉各适量。

做法 ※

1 干黄花菜泡发，洗净，挤干；干木耳放入温水中泡发，洗净，撕成小朵；鸡蛋打散成蛋液，炒熟盛出。

2 锅内加入少量油，待油烧至五成热时，放入葱花煸香，倒入木耳、黄花菜一起翻炒片刻，放入盐和少量水继续翻炒 5 分钟左右，加鸡蛋块翻匀，用水淀粉勾芡即可。

重要营养素

(钙) (锌) (多糖)

促进食欲，增加抵抗力

美味猴头菇

材料 ※ 发好的猴头菇 200 克。

调料 ※ 生抽、蚝油、白糖各 5 克。

做法 ※

1 将发好的猴头菇洗净，切片；将蚝油、白糖、生抽加少许水调成味汁。

2 锅内倒油烧热，将猴头菇片煎黄，烹味汁烧入味，待菇片变软即可。

※ 李宁大夫的营养叮咛 ————

这道菜含有钙、锌、多糖等，能促进胎儿大脑发育，还能帮助孕妈妈增进食欲、增加抵抗力。

家常豆腐

材料 ※ 豆腐 300 克，五花肉 100 克，鲜香菇、冬笋各 50 克，柿子椒 20 克。

调料 ※ 葱花、姜片、蒜片、酱油各 5 克，盐 2 克，高汤 40 克。

做法 ※

1 豆腐洗净，切三角片；五花肉、冬笋、柿子椒洗净，切片；鲜香菇洗净，去蒂切片。

2 锅内倒油烧热，下豆腐片煎至金黄色，捞出；锅内留底油烧热，放五花肉片、香菇片、冬笋片、柿子椒片、葱花、姜片、蒜片炒香。

3 放豆腐片、盐、酱油稍炒，加高汤烧至豆腐软嫩即可。

重要营养素

（蛋白质）（钙）

开胃，补钙，强体

锅贴豆腐

材料 ※ 豆腐 300 克，鸡胸肉 100 克，生菜叶 30 克，鸡蛋清 2 个。

调料 ※ 葱末、姜末、料酒、淀粉各 5 克，盐 3 克。

做法 ※

1 鸡胸肉洗净，剁蓉，加葱末、姜末、鸡蛋清、淀粉、料酒、盐和水搅成肉糊；豆腐洗净，切片，一面裹匀肉糊下油锅（有糊的一面朝下），盖上生菜叶煎黄，翻面煎至豆腐熟透。

2 将剩下的肉糊淋在豆腐周围，煎至金黄色盛出即可。

重要营养素

（钙）（蛋白质）

增强肌力，防疲劳

※ 李宁大夫的营养叮咛

豆腐是优质蛋白和钙的良好来源，有利于补钙、补虚。

重要营养素

(钙)(钾)(蛋白质)

预防水肿，控血压

冬瓜烩虾仁

材料 ╳ 虾仁 30 克，冬瓜 250 克。

调料 ╳ 葱花、花椒粉各适量，盐、香油各 1 克。

做法 ╳

1 虾仁洗净；冬瓜去皮及瓤，洗净，切块。

2 锅内倒入植物油烧至七成热，下葱花、花椒粉炒出香味，放入冬瓜块、虾仁和适量水烩熟，调入盐、香油即可。

╳ **李宁大夫的营养叮咛**

虾仁高蛋白、低脂肪，同时还含有钙、锌、铁等营养素。冬瓜含钾较高。二者搭配，可提供充足的蛋白质和钾，有助于预防血压升高。

肉片炒菜花

材料 ※ 菜花 300 克，猪瘦肉 100 克。

调料 ※ 葱花、姜末、蒜末各 5 克，盐
3 克，淀粉、香油各少许。

做法 ※

1 菜花洗净，切小朵，焯烫一下；猪
瘦肉洗净，切片，放入盐、淀粉腌
渍 10 分钟。

2 锅置火上，倒油烧热，下姜末、蒜
末爆香，放入肉片煸炒至变色。

3 放入菜花翻炒，加盐调味，待菜花
熟软时，加香油，撒葱花即可。

※ 李宁大夫的营养叮咛

菜花富含维生素 K，猪瘦肉富含蛋白质、
铁，搭配做菜，能帮助孕妈妈补铁、防贫血，
还有助于凝血，可以帮助缓解产时出血。

重要营养素

(维生素 K) (铁)

预防贫血和出血

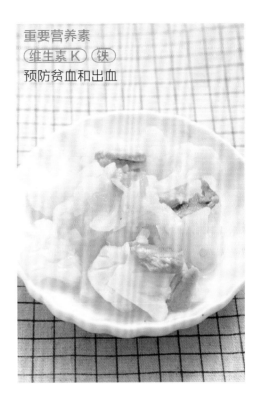

红烩羊肉

材料 ※ 羊肉 500 克，番茄、洋葱各
50 克。

调料 ※ 番茄酱 30 克，面粉、料酒、
酱油各 10 克，胡椒粉 1 克。

做法 ※

1 羊肉洗净，切块；番茄洗净，去皮，
切块；洋葱去老皮，洗净，切丁。

2 羊肉块撒面粉、胡椒粉拌匀，放油
锅中煎黄，烹料酒和酱油，焖 2~3
分钟，盛出。

3 锅内倒油烧热，炒香洋葱丁，加番
茄酱煸炒。

4 倒入羊肉块、水烧开，改小火焖熟，
加番茄块稍炖即可。

重要营养素

(铁) (蛋白质)

预防缺铁性贫血

重要营养素
(锌) (蛋白质)
调节免疫力，促进胎儿大脑发育

菲力牛排

材料 ✕ 牛里脊 200 克。

调料 ✕ 盐 2 克，百里香、迷迭香、黑
胡椒粉各 5 克，蒜蓉、淀粉各
10 克，葱段 15 克，橄榄油适量。

做法 ✕

1 牛里脊洗净，拿厨房用纸擦干水分。

2 牛里脊用保鲜膜裹起来，用松肉锤锤
至松软，待用。

3 将橄榄油、盐、百里香、迷迭香、
蒜蓉、淀粉、葱段、黑胡椒粉及少
许凉白开放入调盆内搅匀制成酱汁。

4 将牛里脊放入调盆内，用酱汁抓匀，
放进冰箱腌制半天。

5 平底锅底部刷一层油，烧热后放入牛
里脊，煎至合适的熟度，盛入盘中。

6 将腌料汁倒入炒锅内，烧沸后浇在
牛里脊上即可。

法式蓝带鸡胸

材料 ✕ 鸡胸肉200克，面包粉100克，奶酪片40克，火腿片60克，面粉20克，鸡蛋1个，无盐奶油适量，熟玉米粒、生菜各30克。

调料 ✕ 盐3克，胡椒粉少许，橄榄油适量。

做法 ✕

1 鸡胸肉洗净，由中心往两侧片开成大片状，在片开的一面上撒盐和胡椒粉；奶酪片和火腿片对切成两小片；鸡蛋打散成蛋液；生菜洗净。

2 在片开的鸡胸肉中间放上一小片奶酪，再摆上一小片火腿片，最后再放一小片奶酪，包好后撒上盐和胡椒粉，再依次均匀地裹上面粉、蛋液、面包粉。

3 平底锅置于火上，倒入橄榄油，放入无盐奶油，待奶油化后放入鸡胸肉，将鸡胸肉两面煎成金黄色后取出。

4 盘中铺上生菜，放上鸡胸肉，搭配熟玉米粒即可。

✕ 李宁大夫的营养叮咛 ─────

鸡胸肉富含维生素 B_1，可以参与碳水化合物与脂肪的代谢。鸡胸肉还富含优质蛋白质，有助于消除疲劳，增强体力。

重要营养素

（维生素 B_1）（蛋白质）

促进代谢，增强体力

重要营养素

(膳食纤维) (蛋白质)

强体，通便

魔芋烧鸭

材料 ⋊ 鸭肉 400 克，魔芋豆腐 200 克。

调料 ⋊ 葱段、姜片、蒜片各 5 克，料酒、
水淀粉、豆瓣酱各 20 克。

做法 ⋊

1 鸭肉洗净，切块；魔芋豆腐洗净，切
块；将二者分别入沸水焯烫后捞出。

2 锅内倒油烧热，放入鸭块炒成浅黄
色，盛出。

3 锅留底油烧热，炒香豆瓣酱，加适
量水烧沸，放入鸭块和魔芋块、葱
段、姜片、蒜片、料酒，中火煮烂，
用水淀粉勾芡即可。

⋊ 李宁大夫的营养叮咛 ————

魔芋豆腐富含膳食纤维，可以通便、降脂，
鸭肉富含蛋白质、烟酸等，可补充体力。

重要营养素

(硒) (钙) (蛋白质)

补钙壮骨，健脑益智

清蒸鲈鱼

材料 ⋊ 鲈鱼 1 条，柿子椒、红甜椒各
20 克。

调料 ⋊ 葱丝、姜丝各 15 克，料酒、
蒸鱼豉油各 10 克。

做法 ⋊

1 鲈鱼处理干净，沥干，在鱼身两面
各划几刀，用料酒涂抹鱼身，开口
处夹上姜丝，鱼肚子里塞上姜丝，
腌渍 20 分钟；柿子椒、红甜椒洗
净，去蒂及子，切丝。

2 盘里铺姜丝、葱丝，放入鲈鱼，蒸
15 分钟，取出。

3 倒去盘子内蒸鱼汁，倒入蒸鱼豉油，
摆上切好的柿子椒丝和红甜椒丝。

4 锅内倒油烧热，淋在鱼上即可。

红烧鲤鱼

材料 ⚊ 净鲤鱼1条（500克）。

调料 ⚊ 葱段、蒜片、白糖、醋、生抽各5克，料酒10克，盐4克，水淀粉、胡椒粉、香菜段各适量。

做法 ⚊

1 净鲤鱼洗净，打花刀，加料酒、胡椒粉腌渍；用生抽、白糖、醋、盐、料酒、水淀粉调成味汁。

2 锅内倒油烧至七成热，爆香葱段、蒜片，放入鲤鱼煎至金黄色，倒味汁烧开，大火煮沸至收汁，点缀香菜段即可。

重要营养素

（不饱和脂肪酸）（蛋白质）

促进胎儿大脑发育

番茄炒扇贝

材料 ⚊ 扇贝肉200克，番茄150克。

调料 ⚊ 盐3克，葱段、蒜末、姜丝各10克，料酒适量。

做法 ⚊

1 扇贝肉洗净，用盐和料酒腌渍5分钟，洗净；番茄洗净，去皮，切块。

2 锅置火上，倒入植物油烧至六成热，爆香葱段、姜丝，放入扇贝肉和番茄块翻炒至熟，加盐，撒蒜末即可。

重要营养素

（锌）

开胃，促进胎儿大脑发育

※ **李宁大夫的营养叮咛**

扇贝中的锌、硒、蛋白质含量很高，锌可以促进胎儿大脑发育，搭配番茄炒食，还有开胃促食的作用。

菠菜芝士焗牡蛎

材料 ※ 牡蛎 500 克，菠菜 150 克，面粉 20 克，
牛奶 30 克，奶酪粉、面包糠各适量。

调料 ※ 葱段 20 克，牛油 15 克，蒜蓉 5 克，
上汤 100 克。

做法 ※

1 牡蛎去壳取肉，洗净，牡蛎肉、牡蛎壳放入加
了葱段的沸水中焯烫，捞出；菠菜择洗干净。

2 炒锅内倒入植物油，下蒜蓉炒香，加入菠菜
炒熟，盛出，放在牡蛎壳上，然后把牡蛎肉
放在上面。

3 另取锅，加入牛油炒化，加入面粉炒香，倒
入牛奶、上汤，待汤汁浓稠时淋在牡蛎上。

4 将面包糠与奶酪粉拌匀，撒在牡蛎上，将烤
箱预热到 250℃，烤 5 分钟即可。

※ 李宁大夫的营养叮咛

菠菜富含膳食纤维和叶酸，膳食纤
维可以缓解孕期便秘，叶酸在孕早
期有助于预防胎儿神经管畸形，孕
中晚期可以预防贫血；牡蛎富含锌
和铜，有预防胎膜早破的作用。

重要营养素

(钙)(铜)

预防胎儿畸形和胎膜早破

汤羹

冬瓜虾仁汤

材料 × 冬瓜 300 克，虾仁 50 克。

调料 × 盐 2 克，香油、鱼高汤各适量。

做法 ×

1 冬瓜去皮及瓤，洗净，切小块；虾仁去虾线，洗净。

2 锅置火上，倒入鱼高汤大火煮沸，放入冬瓜块，煮沸后转小火煮至冬瓜熟烂，加入虾仁煮熟，加盐调味，淋入香油即可。

重要营养素

(钾)

缓解水肿

黑豆排骨汤

材料 × 黑豆 50 克，猪排骨 200 克。

调料 × 盐、料酒、醋各适量。

做法 ×

1 黑豆洗净，提前用清水泡一夜；猪排骨洗净，切块。

2 砂锅中放适量凉水，放入排骨块，大火煮开后撇净浮沫，加入黑豆，倒料酒、醋，改小火煲 2 小时左右，加盐调味即可。

重要营养素

(钾) (膳食纤维) (蛋白质)

预防便秘和贫血，促进胎儿健康发育

× 李宁大夫的营养叮咛 ————

这道汤含有钙、铁、蛋白质、膳食纤维等营养，能帮助预防便秘，辅助调理贫血，促进胎儿健康发育。

重要营养素

（镁）（蛋白质）

预防骨质疏松，
提高免疫力

蹄筋花生汤

材料 ⋉ 鲜牛蹄筋 250 克，花生米 50 克。

调料 ⋉ 葱花、姜片各 3 克，花椒粉 2 克，盐适量。

做法 ⋉

1 鲜牛蹄筋洗净，切块；花生米洗净。

2 汤锅置火上，倒入适量植物油，待油烧至七成热时放入葱花、姜片、花椒粉炒香。

3 倒入牛蹄筋和花生米翻炒均匀，加适量清水煮至牛蹄筋软烂，用盐调味即可。

⋉ 李宁大夫的营养叮咛 ────────

这道菜含有镁、蛋白质等，有助于预防骨质疏松、延缓衰老、提高抗病力。

重要营养素

（锌）（蛋白质）

开胃，健脑益智

香菇鸡汤

材料 ⋉ 鸡 300 克，鲜香菇 50 克，枸杞子 10 克。

调料 ⋉ 盐 2 克，香油 3 克，料酒、姜片、香菜段各适量。

做法 ⋉

1 将鸡处理干净，切块，用沸水焯去血水，捞出洗净；香菇洗净，去蒂，从中间切开；枸杞子洗净。

2 砂锅置火上，放入鸡块、香菇、姜片、枸杞子，加入适量清水，再加入料酒、盐大火烧开，改小火继续炖煮 40 分钟，撇去浮沫，淋上香油，撒上香菜段即可。

菠菜鸭血汤

材料 × 鸭血 250 克，菠菜 150 克。

调料 × 葱末 5 克，盐 3 克，香油 2 克。

做法 ×

1 鸭血洗净，切片；菠菜洗净，焯水，捞出，切段备用。

2 锅置火上，倒植物油烧热，放入葱末煸炒出香味，倒入适量清水煮开，放入鸭血片煮沸，转中火焖 10 分钟。

3 放入菠菜段，加入盐，小火煮1分钟，淋香油即可。

重要营养素

(铁) (膳食纤维)

预防贫血，促排便

冬瓜红豆鲫鱼汤

材料 × 红豆 50 克，冬瓜 200 克，鲫鱼 1 条。

调料 × 姜片、料酒、盐各适量。

做法 ×

1 红豆洗净，浸泡 3 小时；冬瓜洗净，去皮及瓤，切片。

2 鲫鱼处理干净，洗净，沥水；锅中放少量油，待油热后开小火，将鲫鱼放进锅中微煎，至两面微黄即可。

3 将煎好的鲫鱼和红豆、冬瓜片、姜片一起放入砂锅，放适量清水、料酒，大火煮沸后改小火慢炖 2 小时，加入盐调味即可。

× 李宁大夫的营养叮咛 ————

红豆、冬瓜都是利尿消肿的佳品，鲫鱼也是很好的健脾祛湿的食材，三者一起熬汤，可以缓解妊娠期水肿。

重要营养素

(钾) (蛋白质)

缓解妊娠期水肿

重要营养素
（维生素K）（钙）
预防生产出血，稳定
情绪

西蓝花浓汤

材料 ✕ 西蓝花100克，土豆200克，奶酪15克。

调料 ✕ 盐适量。

做法 ✕

1 将西蓝花洗净，放盐水中浸泡，切小朵，保留几朵，其余的剁碎；土豆洗净，去皮，切丁。

2 锅中倒入适量清水，放入土豆丁，大火煮约15分钟，再放入西蓝花碎，煮至土豆软烂，加入奶酪拌匀。

3 加盐调味，再放入几朵保留的西蓝花，继续煮2分钟即可。

※ 李宁大夫的营养叮咛
这道菜富含维生素K和钙，能预防生产时出血过多。

重要营养素
（蛋白质）（钙）
健体强骨

一品豆腐汤

材料 ✕ 豆腐300克，虾仁50克，枸杞子10克。

调料 ✕ 盐适量。

做法 ✕

1 豆腐洗净，切小丁；虾仁去虾线，洗净，焯水备用。

2 锅内倒入清水烧开，加入豆腐丁、虾仁、枸杞子煮3分钟，加盐调味即可。

※ 李宁大夫的营养叮咛
豆腐和虾仁都可以补充蛋白质和钙质。这道汤口味鲜滑，清热滋阴，特别适合孕妈妈喝。

红薯红豆汤

材料 ╳ 红薯 150 克，红豆 50 克。

做法 ╳

1 红薯洗净，去皮，切小块；红豆洗净，
浸泡 4 小时。

2 锅置火上，放入红薯块、红豆，加
入适量清水，大火煮开后改小火煮
30 分钟即可。

※ 李宁大夫的营养叮咛
中医认为，红薯有健脾益胃、宽肠通便的作
用，搭配健脾利湿的红豆做汤，对预防水肿
和便秘有一定作用。

重要营养素

(钾) (膳食纤维)

利尿消肿，预防便秘

花生南瓜汤

材料 ╳ 花生米 50 克，南瓜 150 克。

调料 ╳ 白糖 5 克，水淀粉少许。

做法 ╳

1 花生米挑去杂质，洗净，沥干水分；
南瓜去皮及瓤，洗净，蒸熟，碾成泥。

2 锅内倒油烧热，放入花生米炒熟，
出锅，晾凉，碾碎。

3 汤锅置火上，倒入南瓜泥和适量清
水烧开，下入花生米碎煮至锅中的
汤汁再次沸腾，加白糖调味，用水
淀粉勾薄芡即可。

重要营养素

(膳食纤维) (B 族维生素)

预防便秘和疲劳

主食

虾皮糊塌子

材料 ✕ 面粉 200 克，鸡蛋 2 个，西葫芦 300 克，虾皮 10 克。

调料 ✕ 盐 3 克。

做法 ✕

1 西葫芦洗净，擦成细丝；虾皮用温水泡 10 分钟，取出。

2 取盆加入面粉、适量水，边倒水边搅动，磕入鸡蛋，加虾皮、盐搅匀，最后放入西葫芦丝搅匀成面糊。

3 不粘锅加油烧热，加入一勺面糊，转动锅使面糊呈圆饼状，加盖煎 2 分钟，翻面后再煎至金黄即可出锅。

南瓜双色花卷

材料 ✕ 南瓜泥 100 克，面粉 400 克，酵母粉 5 克。

做法 ✕

1 酵母粉分两份，分别加 30 克温水、120 克温水化开，为南瓜面团和白面面团所用。

2 南瓜泥加酵母水和 150 克面粉和成面团，250 克面粉加酵母水揉成面团，分别醒发。

3 两种面团揉匀，擀大片，刷油，将刷油的一面朝上，摞起，对折，切成宽 4 厘米的坯子，每个坯子再切一刀，不切断。

4 取坯子拧成麻花状，打结做成花卷生坯，醒发 20 分钟，放蒸锅中，大火烧开后转小火蒸 15 分钟关火，3 分钟后取出即可。

莴笋牛肉蒸饺

材料 × 面粉 500 克，莴笋 300 克，牛肉 250 克。

调料 × 葱末、姜末、酱油各 10 克，花椒水 20 克，盐 3 克，香油适量。

做法 ×

1 莴笋去皮，洗净，切丝，剁碎，加植物油拌匀。

2 牛肉洗净，剁成泥，加酱油、花椒水、盐顺着一个方向搅成糊状。

3 牛肉糊中加莴笋碎、葱末、姜末、香油拌匀，制成馅料。

4 面粉加适量热水搅匀，揉成烫面面团后搓条，下剂子，擀成饺子皮。

5 取一张饺子皮，包入馅料，捏紧成饺子生坯，放沸水蒸笼中大火蒸 5~8 分钟至熟即可。

重要营养素

（维生素 K）（铁）

预防生产出血

胡萝卜鲜虾小馄饨

材料 × 鲜虾 100 克，胡萝卜 150 克，馄饨皮适量。

调料 × 盐少许，香油适量。

做法 ×

1 鲜虾洗净，去虾壳及虾线，切碎；胡萝卜洗净，去皮，切碎。

2 将切碎的虾肉和胡萝卜放入碗中，加少许盐和香油拌匀，包入馄饨皮中。

3 锅中加水煮沸，下入小馄饨，煮至浮起熟透即可。

重要营养素

（蛋白质）（胡萝卜素）

补充体力，呵护视力

× **李宁大夫的营养叮咛** ─────

胡萝卜鲜虾馄饨含优质蛋白质、钙、铜、胡萝卜素等营养，能帮助孕妈妈补充体力，还有助于胎儿眼睛发育。

蔬菜海鲜焖饭

材料 大米 100 克，鳕鱼 80 克，干贝 15 克，西蓝花、胡萝卜各 20 克，玉米粒 30 克。

调料 酱油适量，料酒 10 克。

做法

1 大米、玉米粒分别洗净，大米浸泡 30 分钟；干贝洗净，浸泡 30 分钟。

2 鳕鱼去鱼皮和鱼刺，切小丁；胡萝卜去皮，洗净，切小丁；西蓝花洗净，掰成小朵，放入沸水中焯烫一下。

3 干贝中加入料酒，放入蒸锅中蒸 15 分钟，放凉后用手撕成细丝。

4 大米放入锅中，加入酱油、鳕鱼丁、胡萝卜丁、干贝丝和适量水，大火煮开后改小火焖 20 分钟。

5 打开盖子，放入西蓝花和玉米粒，再焖 5 分钟即可。

红薯饭团

材料 红薯 100 克，米饭 250 克，烤紫菜 1 小片，熟白芝麻 20 克。

调料 寿司醋、酱油、绿芥末各 5 克。

做法

1 红薯洗净，去皮，上火蒸 15～20 分钟至熟，压成泥。

2 烤紫菜用剪刀煎成半厘米宽的细条。

3 米饭用寿司醋拌匀，手上蘸少量寿司醋将米饭捏成团。

4 在饭团上铺上红薯泥，用紫菜条和白芝麻装饰，用酱油和绿芥末调汁蘸食即可。

海带黄豆粥

材料 × 大米 80 克，水发海带 50 克，黄豆 30 克。

调料 × 葱花、盐各适量。

做法 ×

1 黄豆洗净，用水浸泡 6 小时；大米淘洗干净，用水浸泡 30 分钟；海带洗净，切丝。

2 锅内加清水烧开，放入大米和黄豆，大火煮沸后改小火慢慢熬煮至七成熟，放入海带丝煮约 10 分钟，加盐调味，撒入葱花即可。

× 李宁大夫的营养叮咛

海带和黄豆富含膳食纤维和钙，有促便、利尿、强骨的作用。

重要营养素

(钙)(膳食纤维)

强壮骨骼、利尿

燕麦南瓜粥

材料 × 南瓜 200 克，原味燕麦片 80 克，红枣 15 克，枸杞子 10 克。

做法 ×

1 将南瓜洗净，去皮及瓤，切小块；红枣、枸杞子洗净，红枣去核。

2 砂锅中放入适量水，倒入南瓜块，煮开后再煮 20 分钟左右。

3 放入燕麦片、红枣、枸杞子，续煮 10 分钟左右即可。

× 李宁大夫的营养叮咛

这道粥不仅富含膳食纤维，有利于润肠通便，还能补充丰富的碳水化合物、维生素和矿物质，口感香甜，十分美味。

重要营养素

(膳食纤维)(碳水化合物)

促进肠胃蠕动，补充体力

重要营养素

(膳食纤维) (维生素 C)

缓解孕期便秘

油菜土豆粥

材料 ☼ 大米 50 克，土豆、油菜各 40
克，洋葱 20 克。

调料 ☼ 海带汤 150 克。

做法 ☼

1 大米洗净，浸泡 20 分钟；土豆和洋
葱去皮，洗净，切碎；油菜洗净，用
开水烫一下，去茎，切碎。

2 将大米和海带汤放入锅中大火煮开，
转小火煮熟，再放入土豆碎、洋葱
碎、油菜叶碎煮熟即可。

☼ 李宁大夫的营养叮咛

土豆、油菜、洋葱均富含膳食纤维和维生
素 C，能宽肠通便，防止孕期便秘。

重要营养素

(锌) (B 族维生素)

缓解疲劳，促进食欲

核桃紫米粥

材料 ☼ 紫米 40 克，核桃仁 25 克，大
米 30 克。

调料 ☼ 冰糖 5 克。

做法 ☼

1 紫米洗净后用水浸泡 4 小时；大米
洗净，用水浸泡 30 分钟；核桃仁洗
净，用刀压碎。

2 锅内加适量清水烧开，加入紫米、
大米，大火煮开后转小火。

3 煮 40 分钟后，放入核桃仁碎继续熬
煮，粥将熟时加冰糖煮 5 分钟至冰
糖化即可。

第五章 ✕

孕期常见不适
调理家常菜

饮食要点

1 有早孕反应的孕妈妈，一般晨起呕吐严重，可以吃一点馒头、饼干、烧饼、面包片之类的固体食物来缓解孕吐反应。

2 B 族维生素可以有效改善孕吐，其中维生素 B_6 有直接镇吐效果，维生素 B_1 可改善胃肠道功能，缓解早孕反应。

3 早孕反应厉害的孕妈妈可以每次减少进食量，把一日三餐改为每天吃 5~6 餐。

4 走一走、动一动能减轻早孕反应。比如到户外散步、做做孕妇瑜伽等，既能分散注意力，还能帮助改善恶心、倦怠等症状，而且心情也会变好，不会觉得难熬。

孕吐

重要营养素

（维生素 C）

开胃，减轻孕吐

凉拌番茄

材料 ※ 番茄 200 克，洋葱、黄瓜各 150 克，熟花生米 25 克。

调料 ※ 蒜末 10 克，香油、盐各 3 克，香菜段 20 克。

做法 ※

1 番茄洗净，切片；洋葱洗净，切片；黄瓜洗净，切片。

2 将番茄片、洋葱片、黄瓜片、香菜段盛盘，撒上熟花生米，倒入蒜末和盐拌匀，淋上香油即可。

※ 李宁大夫的营养叮咛————

番茄、杨梅、橘子、酸枣、青苹果等天然酸味食物能帮助孕妈妈提升食欲、促进消化。

姜汁莴笋

材料 ※ 莴笋 400 克，红甜椒、姜各 20 克。

调料 ※ 醋 10 克，白糖 5 克，香油、盐各 2 克。

做法

1 莴笋去老皮，洗净，切宽条，加醋和盐，腌渍 10 分钟。

2 红甜椒洗净，去蒂及子，切细丝；姜切碎，加少许凉白开捣烂制成姜汁。

3 沥去腌渍莴笋条时渗出的汁，调入姜汁、白糖和香油，点缀红甜椒丝即可。

重要营养素
(姜辣素) (膳食纤维)
止吐，缓解便秘

※ 李宁大夫的营养叮咛

姜可以止呕，莴笋清热、利尿，这道菜爽口不腻，可缓解孕吐。

蜂蜜柚子茶

材料 ※ 柚子 1 个，蜂蜜 30 克。

调料 ※ 冰糖适量。

做法 ※

1 柚子洗净，剥出果肉，去除薄皮及子，用勺子捣碎。

2 将柚子皮、果肉和冰糖放入锅中，加水大火煮开，改为小火，煮时不停搅拌，熬制黏稠、柚子皮金黄透亮即可。

3 待汤汁冷却，放蜂蜜搅匀，装入空瓶中，放冰箱冷藏 1 周左右，取适量用温水冲调即可饮用。

重要营养素
(钾) (果糖)
开胃，缓解孕吐

※ 李宁大夫的营养叮咛

柚子富含钾，搭配蜂蜜食用，可缓解疲劳、润肠通便、降脂美容，适合便秘、孕吐反应严重的孕妈妈食用。

失眠

饮食要点

1 钙和镁并用，是天然的放松剂。补钙的同时也要适量补充含镁丰富的食物，如燕麦、糙米、花生、香蕉等。

2 充足的B族维生素可改善失眠症状。富含维生素B_1的食物有燕麦、花生、猪肉、牛奶等；富含维生素B_6的食物有动物肝脏、大豆、紫甘蓝、糙米、鸡蛋、燕麦、花生、核桃等；富含烟酸的食物有羊肉、猪肉、花生、小米等。

3 色氨酸能够促使大脑细胞分泌5-羟色胺，使人产生睡意。晚餐适量多吃如小米、牛奶、南瓜子、香蕉等，能帮助提高睡眠质量。

4 晚餐不要吃太饱，否则会引起胃部不适，影响入眠。

重要营养素
（色氨酸）（钙）
助眠

牛奶炖花生

材料 ✕ 牛奶 200 克，花生米、水发银耳各 30 克，枸杞子 10 克，红枣 20 克。

做法 ✕

1 水发银耳洗净，撕小朵；花生米洗净，浸泡备用；枸杞子洗净；红枣洗净，去核，撕成小块。

2 将花生米、水发银耳、枸杞子、红枣放入碗中，加适量清水，入锅炖 1 小时，凉温后加入牛奶搅匀即可。

✕ **李宁大夫的营养叮咛**
这道汤富含色氨酸，可以稳定神经，让人产生困意，对改善失眠有帮助。

莲子百合红豆粥

材料 ⁝ 糯米、红豆各60克，莲子40克，干百合15克。

做法 ⁝

1 糯米、红豆分别洗净，用水浸泡4小时；莲子洗净，去心；干百合洗净，泡软。

2 锅置火上，加适量清水煮沸，放入红豆煮至七成熟，再放入糯米、莲子，用大火煮沸，转小火熬40分钟，放入百合煮至米烂粥稠即可。

重要营养素

(镁) (B 族维生素)

安神助眠

⁝ **李宁大夫的营养叮咛**

从传统食疗的角度来说，红豆可以养心安神；莲子和百合都具有清心润燥及助眠的作用。这道粥很适合孕妈妈食用，不仅能补充丰富的营养，还能助眠安神。

鳝鱼小米粥

材料 ⁝ 小米 100 克，鳝鱼 80 克。

调料 ⁝ 姜末、葱末各少许，盐 2 克。

做法 ⁝

1 小米淘洗干净；鳝鱼处理干净，洗净，切段。

2 锅中油烧热，下姜末、葱末爆香，倒入适量清水煮沸，放入小米煮约15 分钟，放入鳝段、姜丝，转小火熬至粥稠，加盐调味即可。

重要营养素

(色氨酸) (钾)

提升睡眠质量

⁝ **李宁大夫的营养叮咛**

这道粥可以改善失眠，还有补虚、利尿消肿的作用。

便秘

饮食要点

1 孕妈妈可在饮食中适量增加富含膳食纤维的食物，以促进肠道蠕动、预防便秘；银耳、木耳、紫菜、黄豆、豌豆、荞麦、绿豆、红枣、玉米、燕麦、石榴、桑葚、芹菜等都是不错的选择。

2 多喝水可改善便秘，孕妈妈每天喝水应达到1500~1700毫升。

3 适量摄入油脂有润肠的功效，但不能过量，否则会引起肥胖。每天适当吃点花生、核桃、芝麻、松子等坚果类食物，有助于润肠通便。

4 每天一杯酸奶，能够维护肠道菌群的平衡，可有效缓解慢性便秘。

重要营养素

(膳食纤维) (叶酸)

促进肠道蠕动

凉拌芹菜叶

材料 ※ 芹菜叶 200 克。

调料 ※ 酱油、醋、白糖各 5 克，盐、香油各少许。

做法 ※

1 芹菜叶洗净，焯熟捞出，控净水。

2 将芹菜叶、盐、酱油、白糖、醋、香油拌匀即可。

※ 李宁大夫的营养叮咛 ————

芹菜叶富含膳食纤维，适量食用能促进肠道蠕动、预防便秘。

木耳炒白菜

材料 ✕ 大白菜 250 克，干木耳 5 克。

调料 ✕ 盐 2 克，白糖、生抽各 5 克，
水淀粉 15 克。

做法 ✕

1 大白菜洗净，切片；干木耳温水泡
发，撕成小朵，洗净。

2 锅内倒油烧至六成热，放入大白菜
片煸炒至发蔫，放入木耳煸炒。

3 调入生抽和白糖，翻炒至八成熟，
放入盐略炒，用水淀粉勾芡收汁即可。

重要营养素
(膳食纤维) (维生素 C)
润肠通便

✕ 李宁大夫的营养叮咛 ————

木耳和大白菜均富含膳食纤维，搭配食用能
帮助排便。

红薯粥

材料 ✕ 红薯 100 克，大米 50 克。

调料 ✕ 白糖适量。

做法 ✕

1 大米洗净，用水浸泡 30 分钟；红薯
去皮，洗净，切丁。

2 锅置火上，放入适量清水煮沸，加
入大米煮沸，转小火熬煮 20 分钟。

3 加入红薯丁用大火煮沸，改小火熬
煮成米粒、红薯熟透的稠粥，最后
加入白糖调味即可。

重要营养素
(膳食纤维) (碳水化合物)
补热量，防便秘

✕ 李宁大夫的营养叮咛 ————

红薯含有丰富的膳食纤维，能促进肠道蠕
动，促进排便。另外，大米和红薯中都含有
丰富的碳水化合物，可以为孕妈妈补充
热量。

水肿

饮食要点

1 饮食清淡，少吃盐，减少水钠潴留。孕妈妈每天的食盐摄入量应在 6 克内。不吃烟熏、腌制食品以及刺激性食物。

2 每天一定要保证足够的肉类、蛋类、奶类、大豆及其制品等富含蛋白质的食物，以提高血浆中白蛋白的含量，从而缓解水肿。

3 有轻微水肿者适当吃利尿食物，如冬瓜、黄瓜、红豆等，有助于缓解水肿症状。

重要营养素
（钙）（钾）
利尿消肿

老鸭薏米煲冬瓜

材料 ✕ 冬瓜 200 克，老鸭 400 克，薏米 40 克。

调料 ✕ 陈皮、姜片各 3 克，盐 2 克。

做法 ✕

1 薏米洗净，用水浸泡 4 小时；冬瓜洗净，去瓤，带皮切块；老鸭洗净，切块，冷水入锅，去除血污，凉水洗净。

2 将老鸭、薏米、陈皮、姜片放入锅中，加入适量水，大火烧开，转小火炖 1 小时，放入冬瓜块，炖 20 分钟，放入盐即可。

红豆鲤鱼汤

材料 ※ 鲤鱼 1 条，红豆 50 克。

调料 ※ 姜片、盐、淀粉各适量，陈皮 10 克。

做法 ※

1 将鲤鱼宰杀，去鳞、鳃及内脏，洗净，将鱼裹上淀粉，略煎；红豆洗净，浸泡 4 小时。

2 锅中加水烧开，加入红豆、陈皮、姜片炖煮 1 小时，放入鲤鱼煮至豆熟，加入盐调味即可。

重要营养素

（钾）（蛋白质）

利尿消肿，补虚

西瓜草莓汁

材料 ※ 西瓜 150 克，草莓 100 克。

做法 ※

1 西瓜用勺子挖出瓜瓤，去子；草莓去蒂，洗净，切块。

2 将上述食材放入榨汁机中，加入适量饮用水搅打均匀即可。

重要营养素

（钾）（维生素 C）

消除水肿

※ **李宁大夫的营养叮咛**

这款饮品富含维生素 C 和钾，特别适合夏天饮用，有利尿、解渴、缓解暑热的作用。

腿抽筋

饮食要点

1 多吃高钙食物可缓解腿抽筋，如奶及其制品、豆类及其制品等都是补钙佳品。此外，一些绿叶蔬菜如油菜、雪菜等含钙量也较高。

2 如果通过食补效果不好，可在医生指导下服用钙片来补钙。

3 富含草酸的食物能与钙结合形成不溶性物质，影响钙的吸收，应避免与富含钙的食物和制剂一同食用。如香菜、竹笋、芹菜等，食用前应焯水去草酸。

4 摄入足量的钾和镁可缓解腿抽筋，富含钾或镁的食物有香蕉、紫菜、海带、油菜、土豆、谷类等。

重要营养素

(钙)(碘)

预防腿抽筋

肉末烧海带

材料 ⁑ 水发海带250克，猪里脊50克。

调料 ⁑ 盐1克，酱油5克。

做法 ⁑

1 水发海带洗净，切丝；猪里脊洗净，切肉末。

2 炒锅置火上，倒入油烧至七成热，加肉末炒熟。

3 倒入海带丝翻炒均匀，加酱油和少许清水烧至海带软烂，用盐调味即可。

⁑ 李宁大夫的营养叮咛 ————

海带富含钙和碘，搭配猪肉炒食，能帮助预防腿抽筋。

虾皮丝瓜汤

材料 ✕ 丝瓜50克，虾皮3克，紫菜2克。

调料 ✕ 香油少许。

做法 ✕

1 丝瓜去皮洗净，切片；虾皮洗净。

2 锅置火上，放植物油烧热后倒入丝瓜片煸炒，加适量水，煮沸后加入虾皮、紫菜，小火煮2分钟左右，滴入香油即可。

重要营养素

(钙) (碘)

补钙，消肿

✕ 李宁大夫的营养叮咛

这道汤含钙、碘等营养，能补钙壮骨，促进甲状腺发育。中医认为，丝瓜有消肿的功效，适合水肿的孕妈妈食用。

奶香土豆泥

材料 ✕ 土豆200克，奶酪20克，牛奶100克。

调料 ✕ 黑胡椒碎、花椒、鸡汤、盐各适量。

做法 ✕

1 土豆去皮，煮至烂熟，压成泥，放入小碗中。

2 把奶酪、牛奶加入土豆泥中，拌匀。

3 另取锅烧开鸡汤，放入黑胡椒碎和花椒，煮透后加盐调味，去掉花椒。

4 将调配好的鸡汤倒入土豆泥中，可根据口感决定稀稠。

重要营养素

(钙) (钾)

强健骨骼，预防腿抽筋

✕ 李宁大夫的营养叮咛

土豆富含钾，奶酪和牛奶富含钙，一起食用不仅利于消化，还能补充丰富的钙质，可强健骨骼，防止腿抽筋。

牙龈炎

饮食要点

1 孕妈妈如果缺乏维生素 C，容易出现抵抗力下降，还会影响对铁的吸收，从而引发牙龈肿胀出血、牙齿松动等症状。日常应适当多食富含维生素 C 的食物，如鲜枣、柑橘类、草莓、猕猴桃、柿子椒、菠菜、菜花等。

2 骨质疏松也容易导致牙龈炎，可以多吃富含钙质的食物来强化骨骼和牙齿，从而改善牙齿疾病。含钙丰富的食物有豆类及其制品、奶类及其制品、海产品等。

3 生蔬菜由于膳食纤维没有被破坏，在食用的时候能帮助清洁口腔。孕妈妈不妨每天食用一点适宜生吃的蔬菜，可以减少牙龈炎的发生。

重要营养素
(维生素 C)(膳食纤维)
预防牙龈出血和便秘

生菜沙拉

材料 ※ 生菜 200 克，黄瓜、紫甘蓝、西蓝花、圣女果、玉米粒各 50 克。

调料 ※ 醋 10 克，黑胡椒粉、盐、橄榄油各 2 克。

做法 ※

1 将生菜、紫甘蓝洗净，撕成片；西蓝花洗净，掰朵，焯熟；玉米粒洗净，焯熟；黄瓜洗净，切块；圣女果洗净，切片。

2 将醋、黑胡椒粉、盐、橄榄油混匀成油醋汁；将所有材料放盘中，浇上油醋汁，拌匀即可。

橙香鱼柳

材料 ※ 鱼柳 200 克，橙子 100 克。

调料 ※ 橄榄油 5 克，盐、白胡椒粉各 2 克。

做法 ※

1 鱼柳洗净，切小块，用盐和白胡椒粉腌渍 15 分钟；橙子去皮和白膜，切小块。

2 锅置火上，倒入橄榄油，将腌好的鱼块煎成金黄色，盛出。

3 将橙子块放入料理机中打成汁，均匀地浇在鱼块上即可。

重要营养素

维生素 C　钙

消炎、防出血

※ 李宁大夫的营养叮咛

橙子含有丰富的维生素 C，鱼富含钙，二者做菜能补充营养，缓解孕妈妈牙龈肿痛、出血等。

牛奶玉米汁

材料 ※ 玉米 150 克，牛奶 300 克。

做法 ※

1 将玉米洗净，剥粒。

2 将玉米粒倒入豆浆机中，加适量清水至上下水位线之间，煮至豆浆机提示做好，倒入牛奶即可。

重要营养素

维生素 C　钙

促进胎儿骨骼发育，预防牙龈出血

※ 李宁大夫的营养叮咛

牛奶含钙丰富，孕妈妈适量饮用有助于补钙固齿；玉米富含维生素 C，有助于预防牙龈出血。

缺铁性贫血

饮食要点

1 补铁首选猪血、猪肝、牛肉、猪肉等动物性食物。有缺铁性贫血症状的孕妈妈最好在遵医嘱补充铁剂的前提下，每天食用 40~75 克红肉。

2 选择食物时应选择含铁量比较高的红色、黑色和深绿色食物，如黑米、黑豆、红枣、桑葚、木耳、芝麻、菠菜等，辅助补铁。

3 补铁同时摄入橙子、猕猴桃、樱桃、柠檬、西蓝花、南瓜等富含维生素 C 的食物，可促进铁吸收。

4 摄入优质蛋白质，如瘦肉类、鸡蛋、大豆及其制品等，可以促进铁吸收，有利于补血。

重要营养素
（铁）（维生素 C）
预防缺铁性贫血

西蓝花炒牛肉

材料 ⋉ 西蓝花 200 克，牛肉 100 克，胡萝卜 40 克。

调料 ⋉ 料酒、酱油各 10 克，盐 2 克，淀粉、葱末、蒜蓉、姜末各 5 克。

做法 ⋉

1 牛肉洗净，切片，加料酒、酱油、淀粉腌渍 15 分钟；西蓝花洗净，掰小朵；胡萝卜洗净，去皮，切片。

2 锅内倒油烧热，下蒜蓉、姜末、葱末炒香，放入牛肉片翻炒，再加入胡萝卜片、西蓝花，加盐调味即可。

⋉ 李宁大夫的营养叮咛

牛肉富含肌氨酸、铁、锌等，可为孕妈妈补铁、补血；西蓝花富含维生素 C，有助于促进铁吸收。

熘猪肝

材料 × 猪肝 200 克，柿子椒 100 克。

调料 × 酱油、淀粉各 5 克，蒜片、料
酒各 10 克，盐少许，蚝油 3 克。

做法 ×

1 猪肝洗净，切片，浸泡片刻；柿子
椒洗净，去蒂及子，切菱形片。

2 猪肝片用盐、料酒腌渍半小时，冲
洗干净，再用酱油、淀粉拌匀备用。

3 锅里放油烧热，下猪肝片滑至变色，
放入蒜片炒出香味，放入柿子椒片，
加入蚝油继续炒匀即可。

※ 李宁大夫的营养叮咛
猪肝含有丰富的维生素 A、铁，具有补肝明
目、补血的功效。

重要营养素
(铁)(维生素 A)
补血，明目

猪肉红枣蛋汤

材料 × 猪瘦肉 80 克，红枣 30 克，鸡
蛋 1 个。

调料 × 姜丝 3 克，盐 2 克。

做法 ×

1 猪瘦肉洗净，切小片；红枣洗净。

2 锅里倒入适量清水，放入姜丝、红
枣煮沸，放入瘦肉片煮熟。

3 鸡蛋打散，倒入锅中烧开，加盐调
味即可。

※ 李宁大夫的营养叮咛
这道汤可以养血补血，适合缺铁性贫血的孕
妈妈食用。

重要营养素
(铁)(蛋白质)
滋阴养血

妊娠期糖尿病

饮食要点

1 注意餐次分配，少食多餐。孕妈妈可在正常的三餐之外匀出一些热量作为加餐，防止低血糖的发生。

2 适当限制碳水化合物的摄入，食用血糖生成指数低的主食，如全麦面条、燕麦等。

3 限制饱和脂肪酸含量高的食物，如动物油脂、加工肉制品等；增加富含不饱和脂肪酸的食物的摄入，如橄榄油、坚果、去皮禽肉、鱼肉等。

4 保证充足的蛋白质摄入，尤其是优质蛋白质的摄入量要占到蛋白质总量的 1/2。优质蛋白质的食物来源包括大豆及其制品、去皮禽肉、鱼虾、鸡蛋、瘦肉、低脂奶等。

重要营养素
（膳食纤维）
稳血糖，降血脂

凉拌魔芋

材料 ※ 魔芋豆腐 200 克，黄瓜、金针菇各 50 克。

调料 ※ 盐、香油、醋各 3 克。

做法 ※

1 魔芋豆腐洗净，切条，焯熟；黄瓜洗净，切丝；金针菇洗净，从根部撕散，焯熟。

2 把魔芋条、黄瓜丝、金针菇放入盘中，加入盐、香油、醋拌匀即可。

※ 李宁大夫的营养叮咛

魔芋富含膳食纤维，有很强的饱腹感，还有延缓葡萄糖和脂肪吸收的作用，可平稳血糖、降血脂。

空心菜炝玉米

材料 ✕ 空心菜300克，玉米粒100克，柿子椒50克。

调料 ✕ 盐3克，葱花、姜末、蒜末各适量。

做法 ✕

1 空心菜洗净，入沸水中焯烫，沥干，切段；柿子椒洗净，去蒂及子，切丁。

2 锅内倒油烧至七成热，爆香姜末、蒜末，倒玉米粒、空心菜段、柿子椒丁炒熟，加盐调匀，撒上葱花即可。

重要营养素

(膳食纤维) (维生素 C)

延缓餐后血糖升高

蒜蓉蒸扇贝

材料 ✕ 带壳扇贝 500 克，柿子椒、蒜末各 50 克。

调料 ✕ 葱花、姜末各适量，生抽 5 克。

做法 ✕

1 柿子椒洗净，去蒂及子，切丁；扇贝洗净。

2 取一小碗，放入蒜末、姜末、生抽拌匀制成料。

3 把柿子椒丁放在扇贝上，淋上拌好的料，上笼大火蒸约 5 分钟后取出，撒上葱花即可。

重要营养素

(锌) (蛋白质)

平稳血糖

凉拌燕麦面

材料 ✕ 燕麦粉、黄瓜各 100 克。

调料 ✕ 盐1克，蒜末、香菜碎各3克，香油2克，醋适量。

做法 ✕

1 燕麦粉加适量水和成光滑的面团，醒 20 分钟后擀成薄面片，将面片切成细丝后，用燕麦粉抓匀、抖开。

2 将燕麦手擀面煮熟，捞出过凉；黄瓜洗净，切丝。

3 将黄瓜丝放在煮好的燕麦面上，加入盐、香菜碎、蒜末、醋、香油即可。

重要营养素

(膳食纤维)

控糖，补足热量

妊娠期
高血压

饮食要点

1 日常饮食以清淡为佳，减少盐的摄入，还要限制隐形盐的摄入，忌吃咸菜、咸蛋等盐分高的食品，尤其是水肿明显者每日盐的摄入量要控制在 3 克内，以免加重症状。

2 新鲜蔬果中富含维生素、钾、镁、膳食纤维等，可以帮助孕妈妈降血压。

3 钾摄入充分时，可增加尿钠排泄，减轻钠对血压的不利影响。钙也有调节血压的作用，富含钙质的食物有牛奶及奶制品、大豆及其制品、海带、坚果、芝麻酱、紫菜等。

重要营养素
（钾）（维生素 C）
降压利尿

甜椒炒黄瓜

材料 ⊗ 黄瓜 250 克，红甜椒 50 克。

调料 ⊗ 葱花 5 克，盐 1 克。

做法 ⊗

1 红甜椒洗净，去蒂除子，切块；黄瓜洗净，切片。

2 炒锅置火上倒入油，待油烧至六成热时，放入葱花炒香，倒入红甜椒块和黄瓜片翻炒 3 分钟，用盐调味即可。

素炒豌豆苗

材料 ✖ 豌豆苗 300 克。

调料 ✖ 葱花、蒜末各 3 克，盐 1 克。

做法 ✖

1 豌豆苗择洗干净。

2 炒锅置火上，倒入适量植物油，待油烧至七成热，加葱花炒香。

3 放入豌豆苗炒香，加蒜末、盐调味即可。

重要营养素

(钾) (膳食纤维)

稳血压，控体重

✖ 李宁大夫的营养叮咛 ————

豌豆苗中含丰富的钾和膳食纤维，有利于稳定血压，还能帮助孕妈妈控制体重。

荸荠绿豆粥

材料 ✖ 荸荠150克，绿豆、大米各50克。

调料 ✖ 冰糖、柠檬汁各适量。

做法 ✖

1 荸荠洗净，去皮切碎；绿豆洗净，浸泡 4 小时后蒸熟；大米洗净，浸泡 30 分钟。

2 锅置火上，倒入荸荠碎、冰糖、柠檬汁和清水，煮成汤水。

3 另取锅置火上，倒入适量清水烧开，加大米煮熟，加入蒸熟的绿豆稍煮，倒入荸荠汤水搅匀即可。

重要营养素

(钾) (膳食纤维)

辅助降血压

血脂异常

饮食要点

1 孕妈妈首先要控制总热量的摄入，适当多摄入膳食纤维。

2 应减少饱和脂肪酸的摄入，尽量少吃肥肉。适当多选择白肉，如去皮鸡肉、鱼、虾等；少选红肉，如各种畜肉。经常食用三文鱼等富含DHA的深海鱼。

3 血脂异常的孕妈妈宜少吃动物油，选择橄榄油、葵花子油、花生油等植物油。

4 要限制胆固醇的摄入，如动物内脏、肥肉、鱼子、动物皮等胆固醇含量高的食物应避免摄入。

重要营养素
(DHA) (碳水化合物)
补充体力，降脂控压

三文鱼寿司

材料 ≈ 寿司饭250克，三文鱼肉100克。

调料 ≈ 绿芥末、寿司姜、日本酱油各10克。

做法 ≈

1 三文鱼肉去净刺，切成大小适中的薄片，然后蘸凉白开。

2 取适量寿司饭捏成椭圆形饭团，鱼片的一面抹上一层薄薄的绿芥末，盖在饭团上，轻压，摆在平盘上。

3 搭配绿芥末、日本酱油、寿司姜食用即可。

素烧茄丁

材料 ✕ 茄子300克，竹笋80克，胡
萝卜、黄瓜各30克。

调料 ✕ 葱花、姜末各适量，盐2克。

做法 ✕

1 茄子去蒂，洗净，切丁；竹笋去老
皮，洗净，切丁；胡萝卜洗净，切
丁；黄瓜洗净，切丁。

2 锅内倒入适量植物油，待油温烧至
七成热，加葱花和姜末炒香，放入
茄丁、竹笋丁、胡萝丁翻炒均匀。

3 加适量清水烧至茄丁熟透，倒入黄
瓜丁翻炒2分钟，用盐调味即可。

重要营养素

（钾）（膳食纤维）（芦丁）

调脂控压

荞麦煎饼

材料 ✕ 荞麦粉150克，鸡蛋1个，豆
腐丝100克，猪瘦肉50克，
圆白菜、柿子椒各30克。

调料 ✕ 酱油、盐各适量。

做法 ✕

1 鸡蛋打散；猪瘦肉洗净，切丝；荞
麦粉中加入鸡蛋液、盐，搅拌成面
絮，再分次加水搅拌成糊状；柿子
椒、圆白菜洗净，切丝。

2 将平底锅烧热，涂上油，倒入适量
面糊，提起锅旋转，使面糊均匀地
铺满锅底，待熟后即可出锅。

3 将肉丝、圆白菜丝、豆腐丝加盐、
酱油炒熟，加入柿子椒丝略炒，卷
入饼内即可。

重要营养素

（膳食纤维）（蛋白质）

清脂通便

甲减

饮食要点

1 甲减患者容易发生贫血，因此饮食中要适当增加补铁、补血的食物，缓解贫血症状。补铁应该首选动物性食物，比如牛肉、动物肝脏、动物血等。

2 甲减患者容易出现水肿，要注重清淡饮食。

3 碘缺乏引起的甲减患者，需要适当增加碘的摄入。富含碘的食物有碘盐、紫菜、海带等。

重要营养素

(碘) (碳水化合物)

补充热量

紫菜包饭

材料 ╳ 熟米饭100克，干紫菜片适量，黄瓜、胡萝卜各50克，鸡蛋1个，熟白芝麻少许。

调料 ╳ 盐、香油各适量。

做法 ╳

1 熟米饭中加盐、熟白芝麻和香油拌匀；鸡蛋煎成蛋皮后切长条；黄瓜洗净，切条；胡萝卜洗净，去皮，切条，焯熟。

2 取一张紫菜片铺好，放上米饭，用手铺平，放上蛋皮条、黄瓜条、胡萝卜条卷紧，切成1.5厘米长的段即可。

重要营养素

(碘) (锌)

促进胎儿大脑发育

牡蛎萝卜丝汤

材料 ╳ 白萝卜200克，牡蛎肉50克。

调料 ╳ 葱丝、姜丝各10克，盐2克，香油少许。

做法 ╳

1 白萝卜去根须，洗净，切丝；牡蛎肉洗净泥沙。

2 锅置火上，加适量清水烧沸，倒入白萝卜丝煮至九成熟，放入牡蛎肉、葱丝、姜丝煮至白萝卜丝熟透，用盐调味，淋上香油即可。

第六章 ✕

玩转快手小家电

轻享美味时光

电饼铛美食

炫彩牛肉串

材料 ※ 牛里脊 200 克，红甜椒、柿子椒、胡萝卜、洋葱各 80 克，鲜香菇 30 克。

调料 ※ 酱油 10 克，黑胡椒粉、大蒜粉、白糖各 5 克。

做法 ※

1 将牛里脊洗净，沥干水分，切丁；将竹扦放在清水里，浸泡约 30 分钟待用。

2 将牛肉丁放入调盆内，加入酱油、黑胡椒粉、大蒜粉、白糖后抓匀，腌渍 4 小时，酱汁留用。

3 将所有蔬菜洗净，红甜椒、柿子椒、香菇、洋葱均切成块，胡萝卜切片。

4 用竹扦将腌好的牛肉丁与红甜椒块、柿子椒块、香菇块、胡萝卜片、洋葱块穿起，刷一层植物油待用。

5 预热电饼铛，在电饼铛里刷一层油，将牛肉串放入电饼铛，牛肉变色后翻面，继续煎烤另一面。

6 将熟时刷一次酱汁，再续烤 2 分钟即可。

重要营养素

(蛋白质) (铁) (维生素 C)

预防缺铁性贫血

新疆烤包子

材料 ※ 面粉 300 克，羊肉馅 200 克，鸡蛋、
洋葱各 1 个。

调料 ※ 白胡椒粉、盐各 3 克，姜末、孜然粉、
料酒各 10 克，花椒油、香油各 5 克。

重要营养素
（碳水化合物）（铁）
补充体力，预防缺铁性贫血

做法 ※

1 将面粉倒入不锈钢盆中，一边倒入凉白开一
边用筷子搅拌，待面粉呈絮状后，用手揉成
光滑的面团，醒 20 分钟。

2 洋葱洗净，切丁，放入调盆内，加入羊肉馅、
白胡椒粉、盐、姜末、孜然粉、料酒、花椒
油、香油拌匀制成馅。

3 将醒好的面团分成大小均等的剂子，用擀面
杖擀成包子皮，在包子皮里放上馅。

4 鸡蛋打散，在包子皮的边缘刷上鸡蛋液，包
成长方形，包子皮两侧折回成包子坯。

5 在电饼铛上刷薄薄一层油，放入包子坯，煎
烤至熟即可。

重要营养素

重要营养素

(B 族维生素) (蛋白质)

预防孕吐，补充体力

水煎包

材料 发酵面团500克，猪肉馅200克。

调料 盐、白糖各 3 克，酱油、料酒
各 15 克，姜末、葱花各 10 克。

做法

1 猪肉馅中调入盐、酱油、白糖、姜
末、葱花、料酒拌匀成馅；发酵面
团搓成长条，制成剂子，擀皮，包
入馅料制成包子生坯。

2 将包子生坯放入电饼铛中，加少许
油，稍煎后加入少许清水，续煎
15 ～ 20 分钟即可。

重要营养素

(铁) (蛋白质)

预防贫血

三鲜锅贴

材料 猪瘦肉250克，鲜香菇100克，
榨菜碎 20 克，鸡蛋 1 个，饺
子皮适量。

调料 葱末 30 克，淀粉、姜末、蒜
末各 15 克，盐 2 克。

做法

1 猪瘦肉洗净，剁泥，加切末的香菇、
榨菜碎、葱末、姜末、蒜末，打入
鸡蛋，加淀粉、盐拌成馅。

2 取馅包入饺子皮中，制成生坯，放
入加了油的电饼铛中，倒入适量清
水，煎 8 分钟即可。

葱油饼

材料 ✕ 面粉200克，香葱末50克。

调料 ✕ 盐4克，葱段、姜片、香菜段
各适量。

做法 ✕

1 将葱段、姜片、香菜段、植物油按
照10：1：1：20的比例炸制成
葱油。

2 面粉用水搅开，揉成光滑的面团，
醒30分钟。

3 把醒好的面团擀成长条状，撒盐，
刷上一层葱油，撒上一层香葱末。

4 从左向右折成宽15厘米左右的面
片，反复折叠。

5 最后把边缘部分压在生坯底部，擀
成饼坯，放入电饼铛烙熟即可。

重要营养素

（碳水化合物）

补充热量和体力

南瓜饼

材料 ✕ 南瓜泥200克，糯米粉300克，
红豆沙250克，熟白芝麻适量。

调料 ✕ 黄油、白糖各10克。

做法 ✕

1 南瓜泥加黄油、白糖加糯米粉揉成
面团，分成小剂子，按压成小面饼，
包入红豆沙，按压成小饼坯，粘上
熟白芝麻。

2 将南瓜饼坯放入抹了油的电饼铛中，
用小火煎至两面金黄即可。

重要营养素

（碳水化合物）（钙）

补充体力，促进胎儿骨骼发育

电炖锅美食

田园炖鸡

材料 ❋ 整鸡1只，玉米200克，土豆150克，洋葱50克，柿子椒、红甜椒各30克，苦菊少许。

调料 ❋ 盐2克，料酒、葱末、姜末、蒜末、酱油各适量。

做法 ❋

1 整鸡处理干净，切块，焯水，捞出；玉米洗净，切小块；土豆去皮，洗净，切块；洋葱、柿子椒、红甜椒洗净，切块；苦菊洗净。

2 锅内倒油烧热，放入葱末、姜末、蒜末煸香，倒入鸡块、酱油、料酒翻炒。

3 电炖锅内加入适量开水，放入炒好的鸡块，再加入玉米块、土豆块炖熟后，放入洋葱块、柿子椒块、红甜椒块稍炖，加盐调味，用少许苦菊装饰即可。

重要营养素

(蛋白质) (膳食纤维)

补充体力，预防孕期便秘

生滚滑鸡粥

材料 鸡腿肉、大米各100克，鸡蛋
　　　 1个，鲜香菇20克，豌豆10克。

调料 酱油、蚝油各3克。

做法

1 鸡腿肉洗净，切小块，加酱油、蚝
油腌渍10分钟；大米洗净，用水浸
泡30分钟，豌豆洗净；香菇洗净，
切丁。

2 电炖锅内加开水，放入大米煮开，
加入鸡块、香菇丁、豌豆煮熟，打
入鸡蛋，搅成蛋花即可。

※ 李宁大夫的营养叮咛 ——————

这道菜含铁、蛋白质、卵磷脂、香菇多糖等
营养，能帮助补血补铁、健脑益智、提高抗
病力。

重要营养素

（铁）（蛋白质）（卵磷脂）

补血，健脑益智

艇仔粥

材料 大米100克，鲜鱿鱼丝80克，
　　　 烧鸭肉50克，猪肚碎30克，
　　　 熟花生米、干贝各25克。

调料 葱末、姜末、酱油各5克，盐
　　　 2克。

做法

1 大米洗净；鲜鱿鱼丝焯烫至熟；干
贝用温水泡开，撕碎；烧鸭肉切小
块；将鱿鱼丝、烧鸭肉块、花生米
放大碗内。

2 电炖锅内加开水，放入大米、干贝
碎、猪肚碎煮沸，熬煮成粥。

3 将粥倒入大碗中，加盐调味，再加
酱油、姜末、葱末拌匀即可。

重要营养素

（碳水化合物）（蛋白质）

缓解疲劳

电烤箱美食

重要营养素
(膳食纤维) (锌)
促进胎儿大脑发育

菌菇丝瓜

材料 ※ 丝瓜 200 克，草菇 150 克。

调料 ※ 白糖、盐、白胡椒粉各少许，醋、生抽各 5 克。

做法 ※

1 丝瓜洗净去皮，切滚刀块；草菇去蒂，对剖，洗净，沥干水分。

2 取一空碗，加入盐、白糖、白胡椒粉及少许清水，拌匀制成味汁。

3 电烤箱预热至 200℃，烤盘内铺上锡箔纸，在锡箔纸上刷一层油。

4 将丝瓜块和草菇放在锡箔纸上。

5 将味汁浇在食材上，覆上一层锡箔纸，推进烤箱烤制 20 分钟，中途取出翻一次面。

6 从电烤箱中取出丝瓜和草菇，浇上醋、生抽，再放入烤箱中烤制 5 ～ 10 分钟，盛盘即可。

重要营养素
(钾) (膳食纤维)
预防孕期水肿和便秘

黑椒烤四季豆小土豆

材料 ※ 小土豆200 克，四季豆200 克。

调料 ※ 盐少许，黑胡椒粉适量，橄榄油10 克。

做法 ※

1 小土豆洗净，切块；四季豆择洗干净，切段。

2 将小土豆块、四季豆段放入调盆内，放入盐、黑胡椒和橄榄油拌匀。

3 电烤箱预热至180℃，烤盘内铺入锡箔纸，刷上一层油。

4 将拌匀的小土豆、四季豆放在烤盘内，尽量摊平，不要堆放。

5 推进烤箱内烤制 20 分钟即可。

烤三文鱼卷

材料 ✕ 三文鱼 150 克，菜心 100 克。

调料 ✕ 盐、黑胡椒粉各少许。

做法 ✕

1 牙签放入清水中浸泡 30 分钟。

2 三文鱼洗净，拿厨房用纸吸干水分，切长薄片。

3 菜心洗净，放入沸水中焯一下，捞出沥干，放入调盆内，加入盐、黑胡椒粉，拌匀后腌渍 5 分钟。

4 用三文鱼片将菜心逐一卷起来，用牙签固定。

5 电烤箱预热至 200℃，烤盘内铺入锡箔纸，刷上一层油。

6 将三文鱼卷码放在锡箔纸上，推进烤箱中烤制 5 分钟即可。

重要营养素
(DHA) (维生素 C)
促进胎儿大脑发育

奶酪烤虾

材料 ✕ 鲜虾 200 克，马苏里拉奶酪 50 克，小米椒 20 克。

调料 ✕ 黄油 10 克，姜片、蒜蓉各 10 克，盐、黑胡椒粉各 3 克。

做法 ✕

1 鲜虾洗净后去壳，保留虾尾，用姜片、盐、黑胡椒粉腌渍 15 分钟；小米椒洗净，切圈，放入碗内，加入蒜蓉、黄油拌匀。

2 电烤箱预热至 200℃，烤盘内铺入锡箔纸，刷上一层油。

3 将腌好的鲜虾放在锡箔纸上，把蒜蓉黄油料舀放在虾肉上，推进烤箱烤制 5 分钟。

4 取出，撒入马苏里拉奶酪，续烤 5 分钟，待虾肉变色即可。

重要营养素
(蛋白质) (钙)
促进胎儿骨骼发育

烤牛肉三明治

材料 ✕ 牛肉100克,番茄片50克,酸黄瓜片60克,生菜叶40克,面包片3片,西芹、胡萝卜各30克,洋葱25克。

调料 ✕ 盐、胡椒粉各少许,黄油10克。

做法 ✕

1 西芹、胡萝卜、洋葱洗净,切丝,加盐、胡椒粉拌匀,放入牛肉腌2小时。

2 烤箱预热至180℃,将腌好的牛肉放入烤箱烤制30分钟左右。

3 面包片对半切开成三角形,烤至金黄色,抹黄油,把烤熟的牛肉及生菜叶、番茄片、酸黄瓜均匀地放在面包夹层内,压紧,切边,沿对角线切块装盘即可。

重要营养素

(蛋白质) (铁) (锌)

预防贫血

✕ **李宁大夫的营养叮咛**

牛肉富含铁和锌,能帮助孕妈妈补铁。番茄含维生素C、番茄红素、胡萝卜素,有健胃消食、增进食欲的作用。酸黄瓜片开胃助消化。搭配生菜叶和西芹,不仅可以给孕妈妈补充体力,提供丰富的维生素和蛋白质,还能满足胎儿生长发育所需的营养。

牛肉金针菇卷

材料 ✕ 金针菇200克，牛肉片100克，洋葱20克。

调料 ✕ 香草、白糖、盐、黑胡椒碎、橄榄油各适量。

做法 ✕

1 金针菇去蒂，洗净，沥干水分；洋葱洗净，去老皮，切丝。

2 牛肉片放入碗中，加橄榄油、盐、白糖、黑胡椒碎、香草腌渍入味。

3 用牛肉片将金针菇卷起来。

4 烤盘内垫入一层锡箔纸，铺上洋葱丝，放入牛肉金针菇卷。

5 将烤盘放入烤箱中烘烤8分钟，取出即可。

重要营养素

(锌) (铁) (蛋白质)

预防缺铁性贫血

迷迭香烤羊排

材料 ✕ 羊肋排300克，土豆250克。

调料 ✕ 迷迭香、海盐、黑胡椒碎、橄榄油、苹果醋各适量。

做法 ✕

1 羊肋排洗净，用黑胡椒碎、海盐、苹果醋略腌。

2 将羊肋排置于铺锡箔纸的烤盘中，再放上迷迭香。

3 将烤盘放入烤箱中烤制25分钟，取出。

4 土豆洗净，去皮，切片，涂少许橄榄油后用烤箱烤至两面金黄，铺于盘中，摆入羊肋排共食即可。

重要营养素

(蛋白质)

促进胎儿大脑发育，平衡孕妈妈的免疫力

彩椒烤鳕鱼

材料 ※ 净鳕鱼块 250 克，彩椒 50 克。

调料 ※ 黄油、照烧酱各 10 克。

做法 ※

1 鳕鱼块洗净，用厨房用纸吸干水分。

2 炒锅加热后放入黄油，待其化后关火，放入照烧酱搅匀。

3 将鳕鱼块放入保鲜盒内，浇入黄油照烧酱，抹匀后腌渍 15 分钟。

4 彩椒洗净，切块，放入沸水中焯熟，捞出沥干。

5 烤盘内铺入锡箔纸，刷上薄薄一层油，将鳕鱼放在锡箔纸上，放入烤箱内烤制 15 分钟。

6 取出后用彩椒点缀，摆入盘中即可。

※ **李宁大夫的营养叮咛** ———

鳕鱼富含蛋白质、维生素D、DHA、钙、硒等营养，非常适宜孕妈妈食用。

重要营养素

(DHA) (蛋白质)

促进胎儿大脑发育

蒜香烤鲜虾

材料 　鲜虾 150 克，蒜蓉 30 克。
调料 　盐、白胡椒粉各 3 克，迷迭香、橄榄油
　　　　各 5 克。

做法

1 鲜虾洗净，剪去虾脚，剖开虾身，用牙签挑
　去虾线。

2 将鲜虾放在盘子里，撒上盐、白胡椒粉裹匀。

3 平底锅倒入橄榄油，烧热后放入蒜蓉炒匀，
　待蒜蓉炒出香气，离火。

4 将蒜蓉料浇在鲜虾上，覆上保鲜膜。烤箱预
　热 180℃，将鲜虾放入烤箱内，10 分钟后取出，
　撒上迷迭香即可。

✕ 李宁大夫的营养叮咛

虾富含蛋白质和锌，有利于胎儿大
脑发育。

重要营养素
(蛋白质) (锌)
促进胎儿大脑发育

豆浆机美食

重要营养素

（钾）（蛋白质）

利尿消肿

重要营养素

（钾）（B 族维生素）

缓解孕期水肿

苹果豆浆

材料 ∷ 黄豆 50 克，苹果 1 个。

做法 ∷

1 黄豆用清水浸泡 8～12 小时，洗净；苹果洗净，去蒂除核，切丁。

2 将上述食材倒入全自动豆浆机中，加水至上下水位线之间，按下"豆浆"键，煮至豆浆机提示豆浆做好即可。

∷ 李宁大夫的营养叮咛

苹果甜酸爽口，可增进食欲，含有的钾、有机酸等物质可缓解孕吐，预防孕期水肿。

豌豆核桃红豆豆浆

材料 ∷ 红豆 60 克，豌豆 15 克，核桃仁 10 克。

做法 ∷

1 豌豆用清水浸泡 8～12 小时，洗净；红豆用清水浸泡 4～6 小时，洗净；核桃仁掰成小块。

2 将上述食材倒入全自动豆浆机中，加水至上下水位线之间，按下"豆浆"键，煮至豆浆机提示豆浆做好即可。

∷ 李宁大夫的营养叮咛

这款豆浆可为孕妈妈提供 B 族维生素、蛋白质、钾等营养素，有助于预防孕期水肿。

胡萝卜枸杞豆浆

材料 ※ 黄豆50克，胡萝卜80克，枸
杞子15克。

调料 ※ 冰糖3克。

做法 ※

1 黄豆用清水浸泡8~12小时，洗净；
胡萝卜洗净，切块；枸杞子洗净。

2 将上述食材倒入全自动豆浆机中，
加水至上下水位线之间，按下"豆
浆"键，煮至豆浆机提示豆浆做好，
过滤后加冰糖搅拌至化即可。

※ 李宁大夫的营养叮咛

枸杞子富含胡萝卜素、铁等营养素，俗称
"明眼子"，能改善视物模糊；胡萝卜富含胡
萝卜素、维生素C，具有防止眼睛干涩、改
善夜盲症的作用。

重要营养素
(胡萝卜素)
缓解眼部干涩

紫薯南瓜黑豆豆浆

材料 ※ 黑豆60克，紫薯40克，南瓜
20克。

调料 ※ 冰糖2克。

做法 ※

1 黑豆用清水浸泡8~12小时，洗净；
紫薯、南瓜分别洗净，去皮，切丁。

2 将上述食料倒入全自动豆浆机中，
加水至上下水位线之间，按下"豆
浆"键，煮至豆浆机提示豆浆做好，
过滤后加冰糖搅拌至化即可。

※ 李宁大夫的营养叮咛

紫薯富含花青素和膳食纤维，可调节免疫
力，延缓衰老；南瓜含有胡萝卜素、维生
素C，具有抗氧化作用。

重要营养素
(花青素) (胡萝卜素) (膳食纤维)
提高免疫力，抗氧化

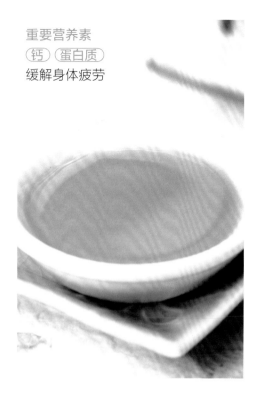

重要营养素

(钙) (蛋白质)

缓解身体疲劳

黑米黑豆豆浆

材料 ⁂ 黑豆60克,黑米20克,花生米、
黑芝麻各10克。

调料 ⁂ 白糖5克。

做法 ⁂

1 黑豆泡10小时,洗净;黑米泡2小
时,洗净。

2 将所有食材一同倒入豆浆机中,加
适量饮用水,按下"豆浆"键,等
提示豆浆做好,加白糖调味即可。

重要营养素

(维生素 C)

清热利尿,抗氧化

狝猴桃菠萝苹果汁

材料 ⁂ 狝猴桃、菠萝、苹果各100克。

调料 ⁂ 盐少许。

做法 ⁂

1 狝猴桃洗净,去皮,切小块;菠萝
去皮,切小块,放入淡盐水中浸泡
15分钟,捞出洗净;苹果洗净,去
皮及核,切丁。

2 将上述食材放入豆浆机中,加入适
量饮用水搅打均匀即可。

⁂ 李宁大夫的营养叮咛 ——————

这款饮品富含维生素C、果酸、钾,有助于
补充维生素、利尿消肿。

苹果黑芝麻奶昔

材料 ※ 葡萄 80 克，苹果 120 克，熟
黑芝麻 20 克，酸奶 150 克。

做法 ※

1 苹果洗净，去皮及核，切丁；葡萄
洗净，切成两半后去子。

2 将所有食材倒入豆浆机中，加酸奶
搅打均匀即可。

重要营养素
（钙）（维生素 C）
缓解便秘

※ **李宁大夫的营养叮咛**————

水果中含葡萄糖和果糖、可溶性膳食纤维、
维生素 C、钾等营养物质；黑芝麻是补充必
需脂肪酸和维生素 E 的优选食材；酸奶可以
补充钙。搭配在一起不但营养丰富，而且味
道甜美。

红豆薏米糊

材料 ※ 薏米 60 克，红豆 30 克。

做法 ※

1 红豆淘洗干净，用清水浸泡 4～6 小
时；薏米淘洗干净，用清水浸泡 2
小时。

2 将所有食材倒入豆浆机中，加适量
饮用水，按下"米糊"键，煮至提
示米糊做好即可。

重要营养素
（钾）
利尿消肿

※ **李宁大夫的营养叮咛**————

这款米糊有消水肿、利小便的功效，适合水
肿的孕妈妈饮用。

芒果酸奶冰沙

材料 芒果、碎冰各 150 克，酸奶 50 克。

做法

1 芒果洗净，去皮和核，取果肉，将 20 克芒果果肉切丁。

2 将剩余芒果果肉、碎冰放入豆浆机中，加入适量饮用水搅打均匀，倒入杯中，放入酸奶、芒果丁即可。

重要营养素

(维生素 C) (钾) (钙)

控血压，助发育

李宁大夫的营养叮咛————

这道菜含有维生素 C、钾、钙等营养，有助于胎儿视力、骨骼、牙齿等的发育，还能帮助孕妈妈调控血压。

早餐机美食

什锦鸭丝面

材料 ＊ 菠菜面条150克，鸭肉、小白菜、鲜香菇各50克，圣女果20克。

调料 ＊ 盐少许。

做法 ＊

1 圣女果洗净，切碎；小白菜洗净，切碎；鸭肉洗净，焯熟，切丝；香菇洗净，去蒂，焯熟后切碎。

2 使用早餐机的煮锅，加适量清水煮沸，下面条、鸭丝、香菇碎，再次煮沸后转小火，放入小白菜碎、圣女果碎煮至面条熟烂即可。

重要营养素

(蛋白质) (碳水化合物)

补充体力

香煎鸡翅

材料 ＊ 鸡翅250克。

调料 ＊ 姜丝8克，生抽10克，老抽、蚝油各3克。

做法 ＊

1 鸡翅洗净，用厨房用纸擦干表面水分，然后在鸡翅上打花刀以便入味。

2 姜丝、生抽、老抽、蚝油搅拌均匀，放入鸡翅腌渍30分钟。

3 将早餐机的煎盘预热后刷油，放入腌渍好的鸡翅，煎至两面金黄即可。

重要营养素

(蛋白质) (B族维生素)

补充体力，促进食欲

※ **李宁大夫的营养叮咛**

鸡翅含有蛋白质和B族维生素，可以为孕妈妈提供营养，也有助于缓解疲劳。

金枪鱼三明治

材料 ✳ 金枪鱼罐头 100 克，鸡蛋 2 个，吐司 2 片，生菜 50 克，番茄 60 克。

做法 ✳

1 番茄洗净，切片；鸡蛋煮熟，去壳，切片；生菜洗净。

2 将吐司放入早餐机的三明治机中，放上生菜，依次铺上番茄片和鸡蛋，从罐头里取出适量金枪鱼，铺在生菜上，再放上一片吐司。

3 盖上早餐机盖，3 分钟后三明治就烤好了。

4 用夹子夹出三明治，对角切成三角形即可。

✳ **李宁大夫的营养叮咛** ——————

金枪鱼肉质细嫩，且含有丰富的蛋白质、DHA。孕妈妈适量食用有助于胎儿大脑发育。

重要营养素

(DHA) (蛋白质)

促进胎儿大脑发育